U0265176

中国科普作家协会　鼎力推荐

少儿科普
名人名著书系

SHAOER
KEPU
MINGREN
MINGZHU
SHUXI

典藏版

张景中◎著

教你学数学

长江出版传媒　长江少年儿童出版社

编 委 会

总序
ZONGXU

打开"科学阅读"这扇窗

成长中不能没有书香,就像生活里不能没有阳光。

阅读滋以心灵深层的营养,让生命充盈智慧的能量。

伴随着阅读和成长,充满好奇心的小读者,常常能够从提出的问题及所获得的解答中洞悉万物、了解世界,在汲取知识、增长智慧、激发想象力的同时,也得以发掘科学趣味、增强创新意识、提升理性思维,获得心智的启迪和精神的享受。

美国科学家、诺贝尔物理学奖获得者理查德·费曼晚年时曾深情地回忆起父亲给予他的科学启蒙:孩提时,父亲常让费曼坐在他腿上,听他读《不列颠百科全书》。一次,在读到对恐龙的身高尺寸和脑袋大小的描述时,父亲突然停了下来,说:"我们来看看这句话是什么意思。这句话的意思是,它是那么高,高到足以把头从窗户伸进来。不过呢,它也可能遇到点麻烦,因为它的脑袋比窗户稍微宽了些,要是它伸进头来,会挤破窗户的。"

费曼说:"凡是我们读到的东西,我们都尽量把它转化成某种现实,从这里我学到一种本领——凡我所读的内容,我总设法通过某种转换,弄明白它究竟是什么意思,它到底在说什么……当然,我不会害怕真的会有那么个大家伙进到窗子里来，我不会这么想。但是我会想，它们竟然莫名其妙地灭绝了，而且没有人知道其中的原因，这真的非常、非常有意思。"可以想见，少年费曼的科学之思就是在科学阅读之中、在父亲的启发之下，融进了自己的大脑。

DNA 结构的发现者之一、英国科学家弗朗西斯·克里克的父母都没有科学基础，他对于周围世界的知识，是从父母给他买的《阿森·米儿童百科全书》获得的。这一系列出版物在每一期中都包括艺术、科学、历史、神话和文学等方面的内容，并且十分有趣。克里克最感兴趣的是科学。他汲取了各种知识，并为知道了超出日常经验、出乎意料的答案而洋洋得意，感慨"能够发现它们是多么了不起啊"。

所以，克里克小小年纪就决心长大后要成为一名科学家。可是，渐渐地，忧虑也萦绕在他心头：等我长大后（当时看来这是很遥远的事），会不会所有的东西都已经被发现了呢？他把这种担心告诉了母亲，母亲安抚他说："别担心！宝贝儿，还会剩下许多东西等着你去发现呢！"后来，克里克果然在科学上获得了重大发现，并且获得了诺贝尔生理学或医学奖。

一个人成长、发展的素养，通常可以从多个方面进行考量。我认为，最核心的素养概略说来是两种：人文素养与科学素养。

前些年在新一轮的课标修订中，突出强调了一个新的概念——"核心素养"。

什么是"核心素养"？即学生在接受相应学段的教育过程中，逐步形成的适应个人终身发展和社会发展需要的基本知识、必备品格、关键能力和立场态度等方面的综合表现。核心素养不等同于对具体知识的掌握，但又是在对知识和方法的学习中形成和内化的，并可以在处理各种理论和实践问题过程中体现出来。

这里，我们不从学理上去深究那些概念。我想着重指出的是：少年儿童接受科学启蒙意义非凡。单就科学阅读来说，这不仅事关语言和文字表达能力的培养，而且与科学素养的形成与提升密切相关。特别是，通过科学阅读，少年儿童的认知能力、想象能力和创造能力等都能得到滋养和发展，可为未来的学习打下良好的智力基础。

现代素质教育十分看重孩子想象力和创造力的培育。国家领导人也发出号召：让孩子们的目光看到人类进步的最前沿，树立追求科学、追求进步的志向；展开想象的翅膀，赞赏创意、贴近生活、善于质疑，鼓励、触发、启迪青少年的想象力，点燃中华民族的科学梦想。

想象力、创造力的形成和发展，又与科学思维密切相关。早在一个多世纪之前的1909年，美国著名教育家约翰·杜威就提出，科学应该作为思维方式和认知的态度，与科学知识、过程和方法一道纳入学校课程。长期以来，人们一直也希望孩子们不仅要学习科学知识与技能，掌握科学方法，而且要内化科学精神和科学价值观，理解和欣赏科学的本质，形成良好的科学素养。

在所有的课程领域中，科学可能是发现问题和解决问题之重要性的最为显而易见的一个领域。科学对少年儿童来说具有其特殊的作用，因为可以从生活与自然中很巧妙地利用孩子们内在的好奇心和生活经历来了解周围世界。

今天的学校里，大多都设置了科学课程，且其重点和目标也由过去的强调传授基础知识和基本技能，转向了对科学研究过程的了解、情感态度和价值观以及科学素养的培养，以期为孩子们后续的科学学习、为其他学科的学习、为终身学习和全面发展打下基础。

除学校的科学课程之外，孩子们了解科学，通常是在家长的引导下开展科学阅读。这无疑也是培养少年儿童科学兴趣并提升其科学素养的一条有效途径，家长们应该予以重视，不要以为孩子们在学校里上了科学课，科学的"营养"就够了。著名教育家朱永新曾经把教科书形容为母乳，并总结出读书的孩子可以分为四种，值得我们深思：

一种既不爱读教科书，又不爱读课外书，必然愚昧无知；

一种既爱读教科书，又爱读课外书，必然发展潜力巨大；

一种只读教科书，不读课外书，发展到一定阶段必然暴露自身缺陷和漏洞；

一种不爱读教科书，只爱读课外书，虽然考试成绩不理想，但是在升学、就业受阻后，完全可能凭浓厚的学习兴趣，另谋出路。

这番总结似可昭示我们，阅读能力更能准确地预测一个人未来的发展走向，同时显示出了课外阅读的重要性。这样看来，读物的选择与阅读的引导就非常关键了。

"昨天的梦想，就是今天的希望和明天的现实。"许多成就卓著的科学家和科技工作者，都是在优秀的科普、科幻作品的熏陶与影响下走进科学世界的。好的科学读物可以有效地引导科学阅读，激发读者的好奇心和阅读兴趣，乃至产生释疑解惑的欲望，进而追求科学人生，实现自己的梦想。

为致敬经典、普及科学，长江少年儿童出版社在中国科普作家协会的指导和支持下，精心谋划组织，隆重推出了"少儿科普名人名著"书系，产生了广泛的社会影响：入选国家新闻出版总署2009年（第六次）向全国青少年推荐百种优秀出版物，荣获第二届中国出版政府奖图书奖。此次全新呈现的典藏版，除了收录老版本中的经典作品外，还甄选纳入一批优秀的科普作品，丰富少儿读者的阅读。

书页铺展开我们认识世界的一扇扇窗，也承载我们的梦想起航。愿书系的少年读者们，在阅读中思考，在思考中进步，在进步中成长！

尹传红

Contents · 目录

帮你学数学

猴子吃栗子

有一位少年养了 2 只猴子。

每天早晨，他给每只猴子 4 个栗子吃，它们十分高兴地吃了。到了晚上，再给它们 3 个，猴子就大吵大闹起来。它们想不通：为什么晚上比早晨少了一个呢？

这位爱动物的少年，当然希望猴子愉快一点，不要天天吵闹。可他又没有更多的栗子。于是，他改为早上给 3 个，晚上给 4 个。

说也奇怪，猴子高兴了。它们发现：每天晚上，都比早晨吃到了更多的栗子。

3＋4＝4＋3。猴子到底是猴子。它们不懂得交换律，所以早 3 晚 4 和早 4 晚 3，产生了不同的效果。

算术里还有结合律、分配律和别的律。我们用惯了，往往认为那是理所当然的事，并不觉得"律"有什么宝贵，就像不觉得空气宝贵一样。

想一想,要是这些律不成立,做起题来该多麻烦。你得按次序算,许多简便的方法也没有了。比如:

$$4 \times 73 \times 25 = 73 \times (4 \times 25) = 7300$$

$$23 \times 68 + 32 \times 23 = 23 \times (68 + 32) = 2300$$

这些简便的方法,就是用交换律、结合律和分配律得到的。

不过,也不是什么运算都能交换、结合和分配的。初学代数的时候,我常在作业本上写:

$$(a+b)^2 = a^2 + b^2 ; \sqrt{a+b} = \sqrt{a} + \sqrt{b}$$

$$(3a)^2 = 3a^2 ; \frac{2x+1}{4} = \frac{x+1}{2}$$

那结果,是红色的"×"很多。后来,我逐渐吸取教训,知道了什么运算可以用什么律,"×"才少起来。

为什么不同的运算有不同的律呢? 要是所有运算用一样的律,岂不方便吗?

偏偏不行。世界上的事是复杂的。不同的事,各有自己的特点和规律。

交换和条件

算术里的交换律,在日常生活中一样有用。不过,你也一样不能乱用。

猴子吃栗子的故事,当然是人编出来的,并非确有其事。可是,喂猪的饲养员知道:给猪开饭的时候,先喂粗饲料,后加精饲料,让它越吃越香,猪才能吃得饱,睡得好,长得快。交换律在这里不成立。

还有一些事,它们的顺序是根本不能交换的。先穿袜子,后穿鞋,很对。反过来,先穿鞋,后穿袜子,还像什么样子呢?拧开钢笔帽,灌上墨水,再写字,很对。反过来,就不可能了。

也有这样的情况:两件事交换之后,照样讲得通,只是含意不同了。

说"小宁吃东西的时候还在看书",马上给人一个印象:小宁太爱学习了。你看,吃东西的时候还在看书。要注意身体,别得了胃病。

交换一下,说"小宁看书的时候还在吃东西",这就会使人觉得他馋嘴,看书的时候还在吃零食。

体育老师喊的口令,有的时候是可以交换的,有的时候又不可以随便交换。

要是把"向前5步走"和"向前3步走"交换一下,结果就一样。反正总共是向前走了8步。

要是把"向前5步走"和"向后转"交换一下,那就不同了。先向后转,再向前5步走,结果对比相反的情况,位置正好相差10步。

所以,做事、说话和做题一样,得讲究顺序,不能随便交换。

算术里的别的律,也有类似的情况。

用水和米煮饭,用酱油、姜、蒜烧鱼,然后一起吃。要是应用结合律,把米和酱油、姜、蒜放在一起煮饭,把水和鱼放在一起烧鱼,这怎么做,又怎么吃呢?

口令的计算

在算术里,任何两个数可以相加。

要是我们把两个口令连续执行的结果,叫作这两个口令相加所得到的和,那么,任何两个口令就都可以相加了。相加之后,可能得到一个新口令,也可能得到一个老口令。

这"新"和"老"是什么意思呢?

你看:

向左转 + 向后转 = 向右转

向前 1 步走 + 向前 3 步走 = 向前 4 步走

前一个式子的结果——向右转,是一个老口令;而后一个式子的结果——向前 4 步走,便是一个新口令。不信去问体育老师,他从来不会叫你们"向前 4 步走"。体育课上的口令,是不兴叫 4 步或者 6 步走的,因为最后的一步,不许落在左脚上。

不过,我们可以把思想解放一下:走 4 步就走 4 步,又有什么不可以的呢？好在我们这里说的是数学，允许推广，也允许产生新的数。

在算术里，只要有了 1，1+1=2，1+2=3……所有的正整数就都出来了。

在口令的算术里，要产生出多种多样的口令，只有一个口令可不够了。

要是只有一个"向前 1 步走"，那就只能向前走，想转一个弯都不行。

要是只有一个"向左转"，那就只能原地转来转去，想走 1 步都不行。

不过，只要有了一个"向前 1 步走"和一个"向左转"，便可以组成多种多样的口令了。不信？你可以试试。

算术里有个 0，任何数加 0，等于本数。

口令里也可以有个 0。我们不妨把"立正"叫作 0。要是不考虑"稍息""向右看齐"之类的话，任何口令加上"立正"，都不会影响执行的结果。

在口令中，也可以有相反的口令。这好比代数里的相反数。

3 和 -3 互为相反数。因为

$$3+(-3)=0$$

向左转的"相反数"是向右转。因为

$$向左转 + 向右转 = 立正 = 0$$

向前 5 步走的相反数是什么呢？难道是后退 5 步吗？

别着急。因为

$$向前 5 步走 + (向后转 + 向前 5 步走 + 向后转) = 0$$

所以向前 5 步走的相反数，便是

　　向后转 + 向前 5 步走 + 向后转

这 3 个口令连在一起，效果相当于后退 5 步。

　　我们这样把许多口令放在一起，就形成了只有一个运算的系统。这个运算，就是两个口令相加——接连执行。这种只有一个代数运算的系统叫作"群"。

　　研究群的数学叫作群论。群论和几何、代数、物理等学科关系密切，非常有用，非常重要。19 世纪的法国中学生伽罗瓦为其建立、发展和应用奠定了基础。

有趣的变换

同一件事,用不同的看法和办法去对待,往往有不同的结果或者收获。

我们分别用 0,1,2,3 来代表立正、向左转、向后转和向右转。那么,把

向左转 + 向后转 = 向右转

向右转 + 立正 = 向右转

表示成

1 + 2 = 3

3 + 0 = 3

这都是说得通的。

可是,把两个口令连起来,为什么非得叫作相加不可呢?不叫相加,偏偏叫相乘,又有什么不可以呢?

你也许会说,那不像话。要是叫作相乘,那么,向右转 × 立正 =

向右转,岂不是$3 \times 0 = 3$。这和 0 的性质不是矛盾了吗？多别扭呀。

这好办。名字是我们取的。我们不会把立正叫作 1 吗？

对了。0 在加法中所扮演的角色和 1 在乘法里所扮演的角色十分相像。任何数加 0 不变,乘 1 也不变。把两个口令连起来叫作相乘,立正便可以叫作 1。你看:

向右转 × 立正 = 向右转

向左转 × 立正 = 向左转

向后转 × 立正 = 向后转

正好,任何数乘 1,仍然不变。

那另外 3 个口令取什么数作名字才恰当呢?

这也好办。

∵ 向后转 × 向后转 = 立正

∴ 向后转$^2 = 1$

把向后转叫作 -1 再恰当没有了。$(-1)^2$,可不是等于 1 吗? 这样

∵ 向左转 × 向左转 = 向后转

∴ 向左转$^2 = -1$

∵ 向右转 = 向后转 × 向左转

∴ 向右转 $= -1 \times \sqrt{-1} = -\sqrt{-1}$

你看,在这 4 个口令中,只要

立正 = 1

我们就可以用乘法的运算规律算出:

向后转 $= -1$

向左转 $= \sqrt{-1}$

向右转 $= -\sqrt{-1}$

真是妙得很。在这种算术里，-1 可以开平方了。$\sqrt{-1}$ 并不是不可捉摸的"虚数"。它的含义，不过是"向左转"罢了。

许多日常生活里的事情，都可以设法转化成算术问题来运算处理。用考试得的分数计算学习成绩，就是一个例子。

钟表和星期

在钟表的算术里：

$7+3=10$

$7+6=1$

$3-7=8$

请你想一想，这些算式是什么意思呢？

因为钟表的 12 点就是 0 点，所以

$6+6=12=0$，$7+6=1$，$3-7=8$。

还可以有星期的算术。

在这种算术里，星期一到星期六，分别用 1 到 6 代表，星期日用 0 代表。$3+4=0$ 的意思，是星期三再过 4 天便是星期日。按照这种解释，当然 $4+5=2$ 了。

星期四再过 5 天，可不就是星期二了。

这类算术，除了说来有趣之外，在数学里有用处吗？

有。用处还不小。

举一个例子。要判断一个正整数能不能被9整除,有一个简便的方法:把这个数的各位数字相加用9除,要是能整除,原数也能整除;否则,原数也不能整除。

111302154能不能被9整除?

$1+1+1+3+0+2+1+5+4=18$

因为9能整除18,所以9也能整除111302154。

这里面的道理,就可以用钟表算术、星期算术来说明。

随便拿一个自然数,用9除,可能整除,也可能不行。不能整除的时候,可能余1,余2,直到余8。

所有的自然数,用9除余0,叫作0类数;用9除余1的,叫作1类数;然后是2类数、3类数……一直到8类数。

这样,就把所有的数分成了9类:0,1,2,3,4,5,6,7,8,叫作以9为标准的9个同余类。

类与类之间可以相加:

3类数+5类数=8类数

这很像通常的算术。可是,

7类数+2类数=0类数

8类数+5类数=4类数

也就是:

$7+2=0$

$8+5=4$

至于类之间的乘法,便有:

$3 \times 5 = 6$

$6 \times 6 = 0$

等。用这种思想,很容易解释用 9 作除数时余数的速算问题。请你试一试。

你看,划分同余类,要是不以 9 为标准,而以 12 为标准,便得到钟表算术;以 7 为标准,便得到星期算术。

在放大镜下

比你还小的时候,我很喜欢玩放大镜。

放大镜下面的小虫,腿上的毛都看得一清二楚。它张牙舞爪,活像一个小妖精。

用放大镜看自己的皮肤,用放大镜看精致的邮票,用放大镜从太阳光里取火,都有趣得很。

那时候,放大镜不容易找到。我和其他小朋友们找到了一些代用品:爷爷换下来的老花眼镜片啦,坏的电灯泡灌满了清水啦,都可以当放大镜玩。

有一次,我们正在玩,老师走过来问道:"用放大镜看什么东西放不大呢?"

这一下把我们都问住了。还有东西是放大镜放不大的吗?

等到老师宣布角是放不大的,大家这才明白过来。你看,桌子的角是90°,在放大镜下面,可不还是90°吗?

这个问题你可能早已知道了。不少书上谈到它。不知道你有没有想过：在放大镜下面，什么东西能够放得特别大呢？

比如这是一个 3 倍的放大镜。也就是说，1 厘米长的线，在适当的距离用这个放大镜看，就像有 3 厘米那么长。它能把什么东西放得比 3 倍更大呢？

请看看下面的图：

你从图上看得出来：在 3 倍的放大镜下面，正方形和三角形，它们的边长放大为原来的 3 倍，面积就变成了原来的 9 倍。

还有放得更大的东西吗？有。你看立方体的体积，这时是原来的 27 倍了。

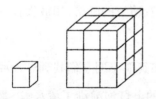

一般来说，在 k 倍的放大镜下面：

角度是原来的 1 倍，即 k^0 倍；

长度是原来的 k 倍，即 k^1 倍；

面积是原来的 k^2 倍；

体积是原来的 k^3 倍。

所以，我们可以把角度、长度、面积、体积，分别叫 0 次量、一次量、二次量、三次量。

　　这就是 1 分米等于 10 厘米，1 平方分米等于 100 平方厘米，而 1 立方分米竟然等于 1000 立方厘米的道理了。

炸馒头和桶

食堂里有时卖油炸馒头。

油炸馒头比普通馒头多用了油,所以要多收钱。1 两一个的油炸馒头多收 2 分钱,2 两一个的油炸馒头多收 4 分钱。这样的定价合理吗?

馒头的表面积越大,用油越多,用油量与表面积成正比。问题是 2 两一个的大馒头,表面积是 1 两一个的小馒头的 2 倍吗?

我们来算一算。大小馒头的形状差不多。小馒头按比例放大 k 倍便是大馒头。按上节所讲,得

馒头的高度放大为 k 倍;

馒头的表面积放大为 k^2 倍;

馒头的体积(以及重量)放大为 k^3 倍。

现在,$k^3 = 2$,得 $k = \sqrt[3]{2}$,再得 $k^2 = \sqrt[3]{4}$。查表,$\sqrt[3]{4} \approx 1.6$。可见大馒头的表面积,不是小馒头的 2 倍,而是 1.6 倍不到。

算的结果，多收 4 分钱贵了。

食堂通常采用统一平衡盈亏的办法，这样的定价不算是什么缺点。不过，我们在别的地方遇到这类问题，也许就需要精打细算了。

举一个例子。这是一只铁皮水桶，它的容水量是 7 千克。现在，假设你要做一个一样形状的大桶，要求大桶的容水量是 14 千克，应当准备多少料呢？

根据前面的计算，大桶的铁皮用料，应当是小桶的 $\sqrt[3]{4}$ 倍。

桶的形状和馒头不一样，为什么也是 $\sqrt[3]{4}$ 倍呢？

我们来算算。设大桶桶口直径是小桶的 k 倍。那么，大桶的侧面积和底面积，都是小桶的 k^2 倍；大桶的容积，是小桶的 k^3 倍。

$\because k^3 = \dfrac{14}{7} = 2$，得 $k = \sqrt[3]{2}$

$\therefore k^2 = \sqrt[3]{2} \cdot \sqrt[3]{2} = \sqrt[3]{2 \cdot 2} = \sqrt[3]{4}$

长度、面积和体积的这种关系，叫作相似比原理。你可以用它来计算各种物体的体积和表面积，也可以用它来分析和说明许多自然现象。

云雾和下雨

有的地方多雾。

雾是什么？要是你以为雾是水蒸气，那就错了。雾是水，是很小很小的水滴，是悬浮在空气中的水滴。

雾是水滴，那为什么它不会掉下来呢？难道地心引力，对它不起作用了吗？

它太小了。

小，就不受地心的吸引力了吗？伽利略在比萨斜塔上做过著名的落体实验：10磅重的球和1磅重的球，不是同时落了地吗？

地心引力对雾一样起作用。不过，这里面还有一层道理：空气对运动中的物体有阻力。当物体的形状和速度一定时，阻力和物体的表面积成正比。

物体越小，表面积越小，阻力也越小，不是仍然要落下去吗？

你说得对。可是没有说周全。问题就出在不周全上。

你想，小水滴所受到的地心引力，是与它的质量成正比的；而质量，又是与它的体积成正比的。所以，水滴受的重力，与它的体积成正比。可是，它受到的阻力也与它的表面积成正比。

比如，水滴的直径缩小成为原来的 $\frac{1}{10}$，那它的体积便成为原来的 $\frac{1}{1000}$，而表面积是 $\frac{1}{100}$。这就是说，当空气对小水滴的阻力变成原来的 $\frac{1}{100}$ 时，重力却只有原来的 $\frac{1}{1000}$ 了。相比之下，等于阻力增大了10倍。

所以，当水滴小到一定的程度，它所受到的阻力，便能接近它所受到的重力，使自己悬浮在空中，长久不落。

同样的道理，灰尘能在空中飞舞不落，金属的微粒也能在水中悬浮不沉。

高空中的云，就是随气流移动的水滴和冰晶。它们太小了，是掉不下来的。要是用飞机在云中喷上某些化学制品，能帮助小水滴和

冰晶互相结合起来，越变越大。当水滴和冰晶的直径，增大到一定程度的时候（比如说增加到10倍，重力就变为1000倍，而空气阻力只增加到100倍），空气的阻力终于没有力量托住它们，它们便从天上掉了下来。这就是人工降雨。

没有想到吧，数学上的相似比原理，居然和雾、云以及人工降雨有关系！

动物的大小

陆地上最大的动物是大象。

玩具厂把大象按比例缩小,缩小到老鼠那么大。可是,缩小到老鼠那么大的大象,它的腿还是比老鼠的腿粗得多。

大象的腿粗得不像话,太不成比例了,这是为什么呢?

腿是用来支持和移动身体的。它的粗细,和体重大体上是一致的。

要是把老鼠按比例放大,当它的高度变成原来的 100 倍,四条腿的截面只是原来的 10000 倍,体积却是原来的 1000000 倍了。也就是腿的单位面积,要支持住的重量是原来的 100 倍。这样,它就无法站立起来,到处乱窜了。

同样的道理,要是象更大,它的腿必须更快地变粗,直到肚子下面长满了腿。四条腿粗到挤在一起,它也就无法活动了。

所以,陆地上最大的动物,要比海里最大的动物小得多。海里的蓝鲸有 170 吨重,而最大的非洲象只有 6~7 吨。因为鲸在水里,水可以负担它的体重。

至于能在空中飞的动物，更不可能有很大的体重。

蜜蜂翅膀不算大，却能够长时间在花丛中飞来飞去。要是按比例把它的长度放大10倍，它的体重要增长1000倍，而翅膀的面积只增长100倍。这样，它就是拼命扑腾翅膀，也不能自由飞翔了。

别看黑壳子的甲虫笨头笨脑，它因为小，居然也能嗡嗡地乱飞。

麻雀的翅膀，在全身中所占的比例，就比蜜蜂或者甲虫大得多。更大的鸟，翅膀占全身的比例还要更大。最大的飞鸟，是非洲的柯利鸨（灰颈鹭鸨），两翼展开有2.5米宽，而体重不过十几千克。相比之下，小小的身体，要为很大的翅膀提供营养，自然是困难的。所以，飞鸟就不可能很大了。

刚才说的是大，现在反过来说小。

昆虫可以很小。有一种叫作缨甲的小甲虫，10万只还不到5克重。

在哺乳动物里，可找不到这么小的。最小的哺乳动物鼩鼱重1～5克。为什么不能更小一些呢？因为哺乳动物是热血动物，它必须保持体温。太小了，表面积相对大，体积相对小。这样，太小的热血动物，为了保持自己的体温，它就是不断地吃呀吃，也总会感到饿。这怎么活得了呢？

鸟类也是热血动物，所以也不可能有太小的鸟。最小的蜂鸟约重2克。别看它小，它的胃口特别好，得不停地吃。对比之下，作为冷血动物的鱼，可以很小。中国最小的脊柱动物矮鰕虎鱼，体重仅四五毫克，400条这种鱼，才抵得上一只蜂鸟的重量。

你看，数学上的相似比原理，它不声不响，在无数地方起作用！

看起来简单

苹果能从树上落到地上,为什么茶杯盖子不会掉到茶杯里去呢?

这是我国著名数学家华罗庚,在一次给中学生讲演时提到的问题。

你也许马上就会回答:这有什么值得一提的呢? 盖子比口大,当然掉不进去了。

确实,盖子比口小,它一定会掉进去。不过,比口大,是不是就一定掉不进去呢?

有一种长方形的茶叶盒,它的盖子是扁圆形的,比口大,可是一不小心,就会掉到盒子里去。这种茶叶盒,现在很少见到了。常见的正方形的茶叶盒,它的正方形的盖子,也会掉进去。

可见——大,并不是掉不进去的可靠根据。究竟掉不掉得进去,还得看形状,做一点具体分析。

通常,盖子和口的形状是一样的。

圆形的盖子,只要比口大,就不会掉进去。

正方形的盖子，即使比口大，也掉得进去。因为正方形的对角线，比它的边长得多，可以把盖子竖起来，沿对角线方向来放。

正三角形的边比较长，高比较短，可以把盖子沿着边往下放，也放得进去。

正六边形也应当是放得进去的。它的对角线，比两条平行边之间的距离要长，可以沿对角线的方向放进去。

正五边形也可以放进去。因为它的对角线，也比它的高要长。

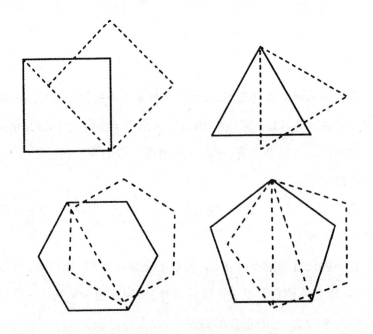

你可以证明：任意的正多边形盖子，要是它比口只大一点，就有可能掉进去。对于正三角形和正方形来说，这个"一点"可以大一些；对于边数很多的正多边形来说，这个"一点"必须很小。

 少儿科普名人名著书系

宽度和直径

`

任意多边形的盖子，形状千变万化，好像比正多边形难说清楚，其实也好说。

我们可以把这些盖子，看成是从一张张长方形的铁皮上剪下来的。这样，我们就可以把问题，转化成铁皮至少要多宽了。

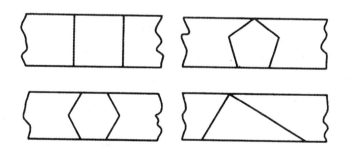

正方形的盖子，铁皮宽度至少是它的边长。正五边形和正六边形，你也不难从图上看出它们的宽度。对于任意三角形，铁皮的宽度至少是它的最小的高。

总之，每一个多边形都有它需要的铁皮宽度。

现在，我们丢开铁皮，设想从各个不同的角度，用两条平行直线来夹着任意的一个多边形。角度不同，夹着它的平行线之间的距离也不相同。当我们从某个角度来夹它时，所用的两条平行线之间距离最小，我们就把这个最小距离，叫作这个图形的"宽度"。

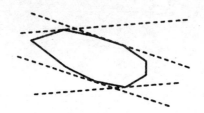

要是一个多边形的宽度为 5 厘米，那它一定可以画在 5 厘米宽的铁皮上，而不能画在更窄的铁皮上。

圆有直径。圆的直径是它的最长的弦。根据这个规定，我们也可以把任意三角形的最长边，还有任意其他多边形的最长对角线，都叫作"直径"。

我们对任意多边形的宽度和直径有了认识，就可以得出结论说：要是盖子的直径大于宽度，那它就可能掉进盒子里去，否则不行！这就是一般的回答。

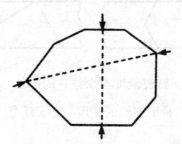

前面，我们只讨论了凸的图形。什么叫凸呢？凡是图形上任意两点的连接线段，都落在图形内，这样的图形就叫作凸的图形。圆、三角形、正方形，都是凸的。

下面的两个图形，就是不凸的图形：

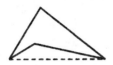

不凸的图形，形状又要复杂一些。请你想一想，这样的盖子会出现什么不同的情况呢？

常宽度图形

图形的宽度不可能比直径大。

要是图形的宽度和直径相等，那么，不论从什么方向用两条平行线来夹它，这两条平行线之间的距离都是一样的。这样的图形，叫作常宽度图形。

要是你想在铁皮上剪一片常宽度图形的铁片，不管怎样摆放图形，铁皮的宽度都必须一样。

不难证明，任意多边形都不是常宽度的。任意多边形的盖子，只要它是薄薄的，而且只比口大一点点，就都可能掉到盒子里去。

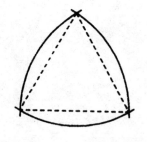

你也许会认为：要想盖子不掉进去，只有用圆形了。

别忙着下结论。三角拱形的盖子也掉不进去。

三角拱形是以正三角形的三顶点为圆心，以它的边长为半径画三段圆弧得到的。

请你想一想，为什么三角拱形是常宽度的呢？

常宽度的图形，有许多美妙的性质。不少人正在研究它。

除了圆和三角拱形之外，你还能想出别的常宽度图形吗？

思 考 题

1.我们研究盖子问题的思路是这样的：

提出问题（为什么茶杯盖子掉不进去）；

考察一些比较简单的情况（三角形、正方形……）；

形成一般的概念（宽度和直径）；

得到一般的结果（回答最初的问题）；

进一步提出问题（常宽度图形）。

当你遇到一些智力游戏、有趣的习题以及生活中的数学问题，是不是也可以按这个思路去想呢？

2.除了圆和三角拱形之外，还有一些常宽度图形。例如，正五角拱形就是常宽度图形。它的作法是：分别以正五角星的顶点为圆心，再以对角线为半径画弧。这样的五段弧就拼成了一个正五角拱形。它有点像圆，实际上不是圆。正七角、正九角、正十一角拱形呢？

扩大池塘

有一个正方形的池塘，四个角各有一棵大树。生产队想把池塘扩大，使它成为一个面积比原来大一倍的正方形，而又不愿意把树挖掉，应当怎么办呢？

你一定很快就找到了答案。不过，你不应当到此就满足。

要是要求新池塘面积比原来的 2 倍更大一点呢？

从图上的虚线可以看出，大正方形大出来的部分比小正方形要小，差了画有阴影的那么一块。这就是说，大正方形至多是小正方形的 2 倍，不可能再大一点了。

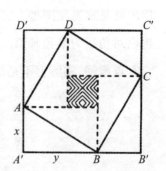

要是要求新池塘的面积是旧池塘的 r 倍，$1 < r < 2$，应当如何设计呢？

这个问题的关键，是找到 A'，B'，C'，D' 4 个点；而这 4 个点的找法是类似的，只要找到一个便好了。

比如想要找到 A'，关键是定出 x,y 的长度。这可以用勾股定理，列出方程来解。

要是把故事里的池塘改成正三角形，三个角上各有一棵树，不许把树挖掉，要把池塘扩大成更大的正三角形池塘，新池塘能够比旧池塘大多少呢？

容易想到的是：新池塘可以比旧池塘大 3 倍，成为旧池塘的 4 倍。

这可以通过计算来证明：大三角形的面积，不会比小三角形的 4 倍更大。

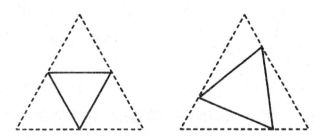

要是把正方形池塘扩大成三角形，而且不限制三角形的形状，这个三角形的面积能有多大呢？

可以很大很大。看看这两个图便知道了：

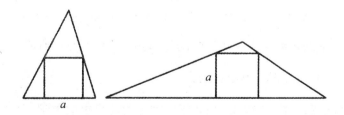

左边的三角形，底大于 a，而高可以很大很大；右边的三角形高大于 a，而底可以很长很长。所以，它们的面积可以很大很大。

有趣的是：这时候想要三角形池塘面积不太大，反倒办不到了。

照这样继续想下去，最容易想到的问题是：池塘本来是正 n 边形的，每个角上各有一棵树，不许把树挖掉，把池塘扩大成新的正 n 边形池塘，那么，新池塘的面积最多是旧池塘的多少倍呢？

$n=5$，$n=6$ 的情形如下图：

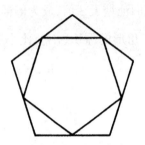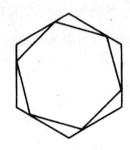

你看看，我们从一个简单的问题出发，通过类比和推广，引出了一串问题！在数学的花园里，常常有这样的小径，沿着它走向密林深处，说不定会看到另外的一番天地，那里也是一片万紫千红哩。

思 考 题

1. 在正方形内放一个正三角形，这个正三角形的面积最大是多少？这是 1978 年全国中学生数学竞赛第二试的最末一个题。

2. 在正方形内任取 9 个点，求证其中必有 3 个点，所成的三角形的面积，不超过正方形面积的 $\frac{1}{8}$。

这个题，曾在 20 世纪 60 年代被选为北京市的中学生数学竞赛题；后来，中国科技大学又用它做过少年班的招生测验题。这个题有点唬人，其实不难。

把正方形等分成 4 个小正方形,一定有 3 个点同在一个小正方形里;而这 3 个点构成的三角形,它的面积不会超过小正方形的一半,就是不超过原正方形的 $\frac{1}{8}$。

报考少年班的多数同学,都把这个题做出来了。其中的一位,后来证明了:把 9 个点减少到 8 个点和 7 个点,也可以得到同样的结果。再减少到 6 个点呢? 他没有找到答案。实际上,6 个点也对。

要是再问:"5 个点呢?"答案是"不行了"。这就是说:在边长为 1 的正方形内,可以找到这样 5 个点,它们构成的 10 个三角形,每一个的面积都大于 $\frac{1}{8}$!

用机器证题

初中同学中的"数学迷",谁不喜欢几何哩。

几何证题,变化万千。看起来似乎难于下手的一个题,只要在图上添上适当的辅助线,往往便云开雾散,妙趣横生。

正因为几何证题变化万千,也就不好做。难就难在看不出一般的规律。

例如,已知在△ABC中,AB＝AC,求证∠B,∠C的平分线BD＝CE。这只要证明△DBC≌△ECB,问题便迎刃而解。可是,把已知和求证交换一下,问题就难多了。

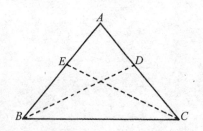

100多年前,德国数学家雷米欧斯,公开提出了这个问题。他说:几何题在被证明出来之前,很难说它是难还是容易。等腰三角形两底角的分角线相等,初中学生都会证。可是反过来,已知三角形的两条分角线相等,要证它是等腰三角形,可就不好证了。

后来,德国著名数学家斯坦纳解决了这个问题,使它成为一个定理,叫作斯坦纳—雷米欧斯定理。

被名人一做,这个问题也就出了名。有一个数学期刊,还曾经公开征求这条定理的证明,收到了形形色色的证法;经过挑选和整理,得到了60多种证法,编印成了一本书。

到了20世纪60年代,有人用添圆弧的办法,得到了一个十分简单的证法*。从雷米欧斯提出问题,到找到这个简单的证法,竟用了

---

* 思路如下:

用反证法。若 $\beta > \alpha$,过点 B,E,C 作圆弧,交点 P 一定在 OD 内。(因 $\angle PCE = \alpha$)

于是 $\angle PCB = \angle PCE + \beta > 2\alpha$,$\therefore PB > CE = BD > PB$,矛盾。(题设两分角线相等)

100 年之久；而且，人们找到了 60 多种方法证明，偏偏没有发现这个简单的证法。可见几何证题的变化，实在是太多了。

几何证题既然这么千变万化，人们自然会想：能不能找到一个固定的方法，不管什么几何题到手，都可以用这个方法一步一步地做下去，最后，或者证明它，或者否定它呢？

19 至 20 世纪的大数学家希尔伯特证明：有一类几何命题，可以用一种统一的方法，一步一步地得到最后解答。后来，数学家塔斯基证明：所有的初等几何命题，都可以用机械方法找到解答。可是，他的方法太复杂了，就是用高速电子计算机，也只能证明一些很平常的定理。

我国著名数学家吴文俊，提出了用机器证明几何定理的方法。他用到了我国古代的数学思想和方法。用这个方法，可以在计算机上证明许多相当复杂的定理，还能证明许多微分几何的定理。

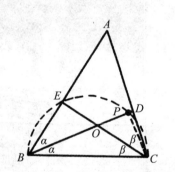

用机器证明几何定理，主要的思路是用坐标方法，把几何问题转化成代数问题来解决。要是你有志将来研究这方面的问题，从现在起，就应该学好几何、代数和解析几何的基础知识。

聪明的邻居

你听过"儿子分羊"的故事吗?

这个故事是在阿拉伯民间开始流传的。后来,它传到了世界各国,一次又一次地被编到各种读物中。

故事是这样的:

从前有个农民,他有 17 只羊。临终前,他嘱咐把羊分给 3 个儿子。他说,大儿子分一半,二儿子分 $\frac{1}{3}$,小儿子分 $\frac{1}{9}$,但是不许把羊杀死或者卖掉。3 个儿子没有办法分,就去请教邻居。聪明的邻居带了 1 只羊来给他们,羊就有 18 只了。于是,大儿子分 $\frac{1}{2}$,得 9 只;二儿子分 $\frac{1}{3}$,得 6 只;小儿子分 $\frac{1}{9}$,得 2 只。3 个儿子共分去 17 只,剩下的 1 只,由邻居带了回去。

这个故事,构思巧妙,情节有趣,已经在全世界流传千年之久了。

在流传中,人们有时把其中的数改变了,故事照样讲得通。我小的时候,就听到过类似的故事:农民不是有 17 只羊,而是有 11 匹马;他给 3 个儿子规定的分配方案,是 $\frac{1}{2}$,$\frac{1}{4}$ 和 $\frac{1}{6}$。邻居牵来了 1 匹马之后,一共是 12 匹。于是,大儿子分到 6 匹,二儿子分到 3 匹,小儿子分到 2 匹。剩下的 1 匹,仍然可以还给邻居。

有没有不这么凑巧的情况呢?

我们来试试

模仿是学习的开始。

现在,让我们来改动一下这个故事里的数,看看结果会怎样呢?

假设农民还是有 17 只羊,还是给 3 个儿子分,还是大儿子分 $\frac{1}{2}$,二儿子分 $\frac{1}{3}$,只是小儿子不是分 $\frac{1}{9}$,而是分 $\frac{1}{6}$ 了。要是我学习故事中的邻居,牵了 1 只羊送去,结果呢?

结果是大儿子得 9 只,二儿子得 6 只,小儿子得 3 只。18 只羊给分光了,我损失了 1 只羊。

会不会发生相反的情况呢? 会的。

假设农民对 17 只羊的分配方案是:大儿子 $\frac{1}{3}$,二儿子 $\frac{1}{6}$,小儿子 $\frac{1}{9}$。要是你送 1 只羊去,大儿子的 $\frac{1}{3}$ 是 6 只,二儿子的 $\frac{1}{6}$ 是 3 只,小儿子的 $\frac{1}{9}$ 是 2 只。这时,18 只羊还剩下 7 只。你要牵走这 7 只羊,一定会发生一场纠纷。

　　可见，想要充当故事里的聪明角色，并不是那么容易的。模仿也得动脑筋，要先弄清道理，再精打细算，才能避免失败，免得叫人哭笑不得。

　　要是你忘记了农民有多少只羊，也记不清分配方案，又想向别人讲这个故事，应当怎样把这些失去了的数找回来呢？

少儿科普名人名著书系

列方程求解

你想到列方程了。这个办法好。

要列方程,得先把问题的数学意思,一条一条地弄清楚:

一、农民有 n 只羊。n 是未知的正整数。

二、农民要求大儿子分 $\frac{1}{x}$,二儿子分 $\frac{1}{y}$,小儿子分 $\frac{1}{z}$,x,y,z 也是 3 个未知的正整数。在这 3 个未知数中,因为 $1 > \frac{1}{x} > \frac{1}{y} > \frac{1}{z}$,所以 $1 < x < y < z$。(要是 $x = 1$,那大儿子一个人就会把所有的羊分走。)

三、牵来 1 只羊之后,羊就能够分配了。这就是说,x,y,z 都能整除 $(n+1)$。

四、3 个儿子分过之后,还剩下 1 只羊。

根据这些条件,我们就可以来找等量关系,把方程列出来。

大儿子分了多少只羊呢?分了 $n+1$ 的 x 分之一,即 $\frac{n+1}{x}$。同样,二儿子和小儿子分别分到了 $\frac{n+1}{y}$,$\frac{n+1}{z}$。3 个儿子共分了多少只羊呢?

当然是 n 只羊。

这样,我们就列出了方程:

$$\frac{n+1}{x} + \frac{n+1}{y} + \frac{n+1}{z} = n$$

两边用 $n+1$ 除,得到

$$\frac{1}{x} + \frac{1}{y} + \frac{1}{z} = \frac{n}{n+1} = 1 - \frac{1}{n+1}$$

移项,得到

$$\frac{1}{x} + \frac{1}{y} + \frac{1}{z} + \frac{1}{n+1} = 1$$

换个符号,设 $n+1 = w$,得到

$$\frac{1}{x} + \frac{1}{y} + \frac{1}{z} + \frac{1}{w} = 1$$

这里,x, y, z, w 都必须是正整数,而且还得满足两个条件:

一个是 $1 < x < y < z < w$;

一个是 x, y, z 都要能整除 w。

方程到手了。

这个方程,含有 4 个未知数,附加两个条件,是什么方程呀?

这种未知数个数比等式个数多的方程,叫作不定方程。不定方程常常带一些附加条件,作为求解的根据。

根据这个不定方程和它的两个附加条件,就是要找出 4 个正整数,它们的倒数凑起来恰巧是 1;而且其中有一个(w),是另外三个(x, y, z)的整倍数。

这样的方程好解吗?

其实并不难

看来似乎无法下手的问题,想清楚了,其实解题的思路很简单。

我们知道,报名参加跑 100 米的同学很多,举办单位就可以采用初赛、复赛的办法,来选拔优胜者。解方程:

$$\frac{1}{x}+\frac{1}{y}+\frac{1}{z}+\frac{1}{w}=1$$

也可以用这种方法。这就是先根据一部分条件,选出符合要求的;然后,再根据其他条件,淘汰不符合要求的,留下符合要求的。这样一步一步地选拔,最后就可以把 x,y,z,w 的值,全部求出来。这是解不定方程常用的方法。

好。我们分两步走:先找出那些使等式成立的正整数 x,y,z,w;然后,从中间再选,把那些满足 x,y,z 整除 w 的找出来。

你看,x 是大于 1 的正整数,它最小是 2。最小是 2,那最大是多少呢?x 越大,$\frac{1}{x}$ 就越小。因为 y,z,w 都比 x 大,所以 $\frac{1}{y}$,$\frac{1}{z}$,$\frac{1}{w}$ 都比

$\frac{1}{x}$ 小。不过，它们又不能太小，太小了，加起来就凑不够 1 了。一琢磨，$\frac{1}{x}$ 不能比 $\frac{1}{3}$ 更小，也就是 x 不能大于 3。

为什么呢？

$\because x < y < z < w$

$$\frac{1}{x} + \frac{1}{y} + \frac{1}{z} + \frac{1}{w} = 1$$

$$\therefore \frac{1}{x} + \frac{1}{x} + \frac{1}{x} + \frac{1}{x} > \frac{1}{x} + \frac{1}{y} + \frac{1}{z} + \frac{1}{w} = 1$$

即 $\frac{4}{x} > 1$，$x < 4$

这样，x 不是 2，就是 3 了。也就是说，想要故事讲得通，大儿子必须分到 $\frac{1}{2}$ 或者 $\frac{1}{3}$，不能再少了。

x 定下来，就只有 3 个未知数了。

设 $x = 2$，代入 $\frac{1}{x} + \frac{1}{y} + \frac{1}{z} + \frac{1}{w} = 1$

得 $\frac{1}{y} + \frac{1}{z} + \frac{1}{w} = \frac{1}{2}$

根据刚才 $\frac{1}{x}$ 不能太小的道理，$\frac{1}{y}$ 也不能太小。

$\because y < z < w$

$$\frac{1}{y} + \frac{1}{z} + \frac{1}{w} = \frac{1}{2}$$

$$\therefore \frac{1}{y} < \frac{1}{2}，\frac{3}{y} > \frac{1}{2}$$

$2 < y < 6$，即 $y = 3, 4, 5$

这样，当大儿子分 $\frac{1}{2}$ 时，二儿子只能分 $\frac{1}{3}$，或者 $\frac{1}{4}$，$\frac{1}{5}$，不能再少了。

设 $x = 3$，得 $\frac{1}{y} + \frac{1}{z} + \frac{1}{w} = \frac{2}{3}$

根据同样的道理,得

$$\frac{3}{2} < y < \frac{9}{2}, \quad y = 2,3,4$$

$y = 2,3$,就小于或者等于 x 了,不合题意,去掉。故 $y = 4$。

按照这种办法,我们便可以一步一步,把各种可能的分配方案都找出来。

先想想再看

要是你已经求出全部的解，就不必再看这一节了。

这个不定方程有 7 组解。

找寻这些解的方法，可以用一棵"推理树"表示出来。树根就是 $1<x<4$，树枝就是各种可能（见下页）。

树上 5 个点线所指，或者因为 $y=z$，或者因为 w 不是整数，或者因为 z 不能整除 w，都不合题意，应该去掉。这样，我们就把这个故事的 7 种讲法，全部找出来了：

讲法	x	y	z	n
①	2	3	7	41
②	2	3	8	23
③	2	3	9	17
④	2	3	12	11
⑤	2	4	5	19
⑥	2	4	6	11
⑦	2	4	8	7

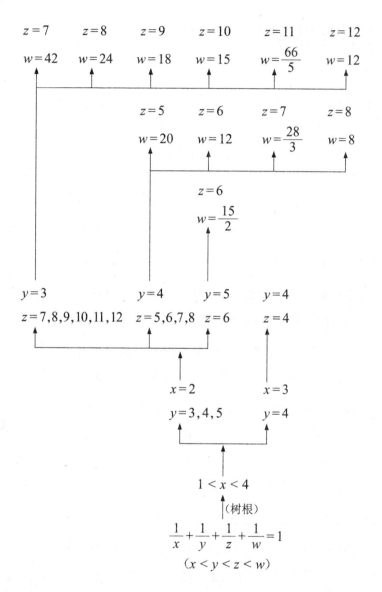

$z=7$ $z=8$ $z=9$ $z=10$ $z=11$ $z=12$

$w=42$ $w=24$ $w=18$ $w=15$ $w=\dfrac{66}{5}$ $w=12$

$z=5$ $z=6$ $z=7$ $z=8$

$w=20$ $w=12$ $w=\dfrac{28}{3}$ $w=8$

$z=6$

$w=\dfrac{15}{2}$

$y=3$ $y=4$ $y=5$ $y=4$

$z=7,8,9,10,11,12$ $z=5,6,7,8$ $z=6$ $z=4$

$x=2$ $x=3$

$y=3,4,5$ $y=4$

$1<x<4$

(树根)

$$\frac{1}{x}+\frac{1}{y}+\frac{1}{z}+\frac{1}{w}=1$$

$$(x<y<z<w)$$

推理树简捷可靠、一目了然,所以有人又把它叫作"智慧树"。

这不算麻烦

你可能觉得这个题目太麻烦了。一个简单的智力游戏，要把它弄清楚，竟有这么多的歪拐曲折。

其实，这算不了什么。很多数学问题，比它要麻烦得多。

前面提到的我国数学家吴文俊，在一篇论文中提出了用机器证明几何题的方法。文章中用到了一个平面几何定理作为例题，光是这一个例题，他就演算了一个月之久。

1903 年，在纽约的一次科学报告会上，数学家科尔做了一次不说话的报告。他在黑板上算出了 $2^{67}-1$，又算出了 $193707721 \times 761838257287$，两个结果相同。他一声不吭地回到了座位上，全场响起了热烈的掌声。原来，他这就回答了一个 200 多年来没有弄清楚的问题：$2^{67}-1$ 是不是素数？他的演算证明：$2^{67}-1$ 是一个合数。这个几分钟的无声报告，是他花了 3 年中的全部星期天得到的。

至于陈景润，为了研究哥德巴赫猜想，写了一麻袋一麻袋的草稿，这是我们早已知道的了。

所以，你碰到复杂的数学题，既要巧妙构思，寻找简捷的方法；又要步步为营，不怕反复计算。许多简捷的方法，就是人们经过大量、反复的计算，才总结出来的。

思 考 题

假设故事中的农民有 4 个儿子，类似的问题该怎么解？要是邻居牵来 2 只羊，又该怎么办？

啤酒瓶换酒

儿子分羊的故事虽然有趣，但是在数学上，它并不合理。因为那位农民本来是要大儿子分 17 只羊的 $\frac{1}{2}$，而不是 18 只羊的 $\frac{1}{2}$。另外，3 个儿子分 $\frac{1}{2}$，$\frac{1}{3}$ 和 $\frac{1}{9}$，即使分的不是羊，而是别的东西，或者是钱，也不行。你看：

$$\frac{1}{2} + \frac{1}{3} + \frac{1}{9} = \frac{17}{18}$$

可见 3 个儿子分完之后，总会剩下 $\frac{1}{18}$。

这 $\frac{1}{18}$ 给谁呢？那位农民没有交代清楚。不知道是不是他临终时头脑不够清楚，没有安排好呢？

这是个智力游戏，不算真正的数学。

不过，那位聪明的邻居先送去 1 只羊，后来又牵回去 1 只羊，这一借一还的妙法，对我们解决一些真正的数学问题，倒是很有启发和帮助的。

你看这个问题。某啤酒厂为了回收酒瓶，规定 3 个空瓶换 1 瓶酒。一个人买了 10 瓶酒，喝完之后，又拿空瓶换酒，问他一共可以再换到多少瓶的酒？

这个问题好解决。10 个空瓶换回 3 瓶酒，还剩 1 个空瓶；喝完后，手里有 4 个空瓶，拿 3 个又换 1 瓶酒；喝完后，手里有 2 个空瓶。要是你以为用空瓶只能换回 4 瓶酒，那就错了。

正确的答案是：他可以换回 5 瓶酒。因为他只要找朋友借一个空瓶，凑够 3 个，换回 1 瓶酒；把酒喝掉，再把空瓶还给人家。所以，他买了 10 瓶酒，喝到了 15 瓶酒。

再多借瓶子行不行呢？不行。为什么呢？原来这一借一还是有数学根据的：

∵ 3 个空瓶 = 1 瓶酒

∵ 1 瓶酒 = 1 个空瓶 + 1 瓶的酒

∴ 3 个空瓶 = 1 个空瓶 + 1 瓶的酒

∴ 2 个空瓶 = 1 瓶的酒

你看，10 个空瓶，本来就应当换回不带瓶的 5 瓶酒。借个瓶子，一方面是为了合乎啤酒厂的规定；另一方面，也是说明问题的一个方法。

西瓜子换瓜

类似这样的问题是很多的。

在富饶美丽的新疆,那里盛产甜美可口的瓜果。有一种西瓜,叫作小子瓜,瓜子小得像麦粒,瓜甜得像放了蜜一样。为了大力发展这种优良品种,种瓜的单位决定回收瓜子,贴出了布告:

好消息:交回 1 斤瓜子,免费给 30 斤瓜,吃瓜请留子!

假设 10 斤瓜可以出 1 两瓜子,那么,买回 100 斤瓜,吃瓜留子,以子换瓜,反复地换,总共可以吃到多少斤瓜呢?

我们来算一算看。10 斤瓜出 1 两瓜子,按规定,可以换回 3 斤瓜。所以每斤瓜的瓜子,可换瓜 0.3 斤。

100 斤瓜的瓜子,可换瓜 30 斤;

30 斤瓜的瓜子,又换回瓜 $0.3 \times 30 = 9$ 斤;

9 斤瓜的瓜子,又换回瓜 $0.3 \times 9 = 2.7$ 斤;

2.7 斤瓜的瓜子,又换回瓜 $0.3 \times 2.7 = 0.81$ 斤;

......

我们要算的,就是这样没完没了的一串数的和:

$100 + 0.3 \times 100 + (0.3)^2 \times 100 + (0.3)^3 \times 100 + \cdots = 100 \times (1 + 0.3 + 0.3^2 + 0.3^3 + \cdots)$

怎样把这一串没完没了的数加起来呢?

买瓜的顾客开动脑筋,想出了一个巧妙的办法,不但知道了买 100 斤瓜,实际上可以吃到多少瓜,而且当时就把瓜拿到手了。他说:

"同志,请记下账,多给我们一些瓜。多给的瓜,我们明天把瓜子送来抵偿。"

"应当多给多少呢?"

"再给我们 43 斤正好。"

"为什么呢?"

"143 斤瓜,可以出瓜子 1.43 斤。每斤瓜子换 30 斤瓜,1.43 斤瓜子,换 $1.43 \times 30 = 42.9$ 斤瓜。四舍五入,不是正好 43 斤吗?"

"好。这是预支的 43 斤瓜。记住,吃完瓜把 1.43 斤瓜子送来。"

一场交易成功,双方满意。这多给的 43 斤瓜是怎样算出来的呢? 其实不过是解一个简单的方程:

设应当多给 x 斤瓜。那么,

$\because (100+x)$ 斤瓜的瓜子可换回 x 斤瓜:

$\therefore 0.3 \times (100+x) = x$

$\therefore x = \dfrac{300}{7} = 42.857\cdots \approx 43$(斤)

回收破胶鞋

　　西瓜子换瓜,多一点少一点,问题不大。实际上,10斤瓜,也很难说准出1两瓜子。不过,还有一些类似的问题很重要,需要合情合理,一五一十,把它们算清楚。

　　举个例子。我们穿破了的胶鞋,可以卖给废品收购站,转工厂做再生橡胶鞋。假设一批胶鞋用1吨橡胶,充分回收破胶鞋后,可得到再生橡胶0.4吨,那么,反复回收,1吨橡胶能顶几吨橡胶用呢?

　　回收橡胶不像回收瓜子。西瓜很快就可以吃完,胶鞋卖出去之后,要几年才能回到废品收购站,最好不要作无限次回收的打算。回收10次得几十年。计划要稳妥一点,假定回收5次好了。

　　按1吨回收0.4吨来算,5次反复回收,共得:

　　$(0.4+0.4^2+0.4^3+0.4^4+0.4^5)$吨。

　　算这样的数,你也可以请方程来帮忙。

　　设$0.4+0.4^2+0.4^3+0.4^4+0.4^5=x$

得 $1+0.4+0.4^2+0.4^3+0.4^4=\dfrac{x}{0.4}$

再得 $0.4+0.4^2+0.4^3+0.4^4=\dfrac{x}{0.4}-1$

$\because 0.4+0.4^2+0.4^3+0.4^4=x-0.4^5$

$\therefore x-0.4^5=\dfrac{x}{0.4}-1$

解得 $x=0.4 \cdot \dfrac{1-0.4^5}{1-0.4}\approx 0.66$（吨）

你看，只要回收 5 次，1 吨橡胶就顶 1.66 吨橡胶用，效果不小。

字母代替数

喜欢数学的人，老是爱把一个问题中的具体数换成字母。代数代数，可不就是用字母代替数嘛。

为什么要这样呢？因为只有把那些可以代替任何数，而又不限于代替某个数的字母摆出来，才算是找到了公式或者规律。

你说"长为 2、宽为 3 的长方形面积为 6"，这不叫公式。要是你说"长为 a、宽为 b 的长方形，它的面积 $S=ab$"，这就建立了一个公式。

你说"2+3 和 3+2 是一样的"，人家听了好笑。要是你说"$a+b=b+a$"，这可就是加法交换律了。

数与字母的关系，是个别与一般的关系。

你说"我昨天晚上刷了牙"，别人不会以为你有良好的卫生习惯。要是你说"我每天晚上刷牙"，那就完全不同了。

你有志学好数学，用好数学，那么，这种把数换成字母的本领，是断断不可少的。

刚才我们算出来的那个等式

$$0.4+0.4^2+0.4^3+0.4^4+0.4^5=x=0.4 \cdot \frac{1-0.4^5}{1-0.4}$$

要是把其中所有的 0.4，都换成字母 a，就得到：

$$a+a^2+a^3+a^4+a^5=a \cdot \frac{1-a^5}{1-a}$$

这个等式的两边都有因子 a，约掉它，得到一个公式：

$$1+a+a^2+a^3+a^4=\frac{1-a^5}{1-a}$$

这个公式对不对呢？你可得检验一下才好。因为把数换成字母，和把字母换成数是不一样的。

一个用字母表示的公式或者恒等式，把字母换成合乎要求的数，它总是对的。可是，把两边同样的数换成同样的字母，就不一定对了。比如：

$$3+2=7-2$$

是个恒等式；把两边的 2 换成 b，得到的

$$3+b=7-b$$

就不再是恒等式了。

该怎么办呢

我们刚才用字母换出来的等式

$$1 + a + a^2 + a^3 + a^4 = \frac{1-a^5}{1-a}$$

究竟对不对,有两个检查的方法:

一个方法是"顺藤摸瓜",在最早的式子中,就用 a 代替 0.4;然后依样画葫芦地推,要是能推出同样的结果来,那当然就对了。

你看,我们原来是从设

$$0.4 + 0.4^2 + 0.4^3 + 0.4^4 + 0.4^5 = x$$

开始的。现在,就设

$$a + a^2 + a^3 + a^4 + a^5 = x,$$

然后一步一步地照推不误:

两边除 a,得 $1 + a + a^2 + a^3 + a^4 = \dfrac{x}{a}$

移项,得 $a + a^2 + a^3 + a^4 = \dfrac{x}{a} - 1$

根据所设,得 $x-a^5=\dfrac{x}{a}-1$

所以 $x-\dfrac{x}{a}=a^5-1$

只要 $a\neq 1$,可以解出 $x=a\cdot\dfrac{a^5-1}{a-1}$

也就是 $a+a^2+a^3+a^4+a^5=a\cdot\dfrac{1-a^5}{1-a}$

另一个方法是"不纠缠老账",直接验算等式的两边是不是一回事。在等式

$$1+a+a^2+a^3+a^4=\dfrac{1-a^5}{1-a}$$

中有分式,比较讨厌,化成整式来检查,看是不是有

$$(1-a)(1+a+a^2+a^3+a^4)=1-a^5$$

果然:

$(1-a)(1+a+a^2+a^3+a^4)$

$=1+a+a^2+a^3+a^4-a-a^2-a^3-a^4-a^5$

$=1-a^5$

这种办法比较干脆。可是,你要先找到了等式,然后才能验证。怎么找等式?那你还得要用头一个方法。

再前进一步

可不可以把这个恒等式中的 a^4 的 4 和 a^5 的 5，也换成字母呢？可以。

你自己细心算一算，便会发现，果然有：

$$(1-a)(1+a+a^2+a^3+a^4+a^5)=1-a^6$$

$$(1-a)(1+a+a^2+a^3)=1-a^4$$

……

总之，对一切自然数 n，有

$$(1-a)(1+a+a^2+\cdots+a^n)=1-a^{n+1}$$

当 n 是 2 和 3 时，就得到了你熟悉的因式分解公式：

$$(1-a)(1+a)=1-a^2$$

$$(1-a)(1+a+a^2)=1-a^3$$

以后，当你做完一个题目的时候，不妨进一步想想：题目中的一些数，要是能换成字母，又能得到什么结论呢？这样，你做了一个题目之后，便会做一堆类似的题目了！

猴子分桃子

这里有一大堆桃子。这是5个猴子的公共财产。它们要平均分配。

第一个猴子来了。它左等右等，别的猴子都不来，便动手把桃子均分成5堆，还剩了1个。它觉得自己辛苦了，当之无愧地把这1个无法分配的桃子吃掉，又拿走了5堆中的1堆。

第二个猴子来了。它不知道刚才发生的情况，又把桃子均分成5堆，还是多了1个。它吃了这1个，拿1堆走了。

以后，每个猴子来了，都是如此办理。

请问：原来至少有多少桃子？最后至少剩多少桃子？

据说，这个问题是由英国物理学家狄拉克提出来的。1979年春天，美籍华裔物理学家李政道，在和中国科学技术大学少年班的同学座谈时，也向他们提出过这个题目。当时，谁也没有能够当场做出回答，可见这个题目有点难。

知难而进。你能解这个题目吗？

动脑又动手

做数学题目,光凭脑子想,是不容易找到方法和得到结果的。

好。我们一起来动手写写算算吧。

设原有桃 x 个,最后剩下 y 个。那么,每一个猴子连吃带拿,得到了多少桃子呢?

第一个猴子吃了 1 个,又拿走了 $(x-1)$ 个的 $\frac{1}{5}$,一共得到 $\frac{1}{5}(x-1)$ +1 个。它走了,这里留下的桃子,还有 $x-[\frac{1}{5}(x-1)+1]$ 个,也就是 $\frac{4}{5}(x-1)$ 个。

第二个猴子连吃带拿,得到了 $\frac{1}{5}[\frac{4}{5}(x-1)-1]+1$ 个桃子。

当第三个猴子来到时,这里还有 $\frac{4}{5}[\frac{4}{5}(x-1)-1]$,也就是又从原数中减 1、乘 $\frac{4}{5}$。

现在,我们找到解题的思路了:每来一个猴子,桃子的数目就发生一次变化——减 1、乘 $\frac{4}{5}$。当第五只猴子来过后，我们已对 x 进行 5 次这样的减 1、乘 $\frac{4}{5}$ 了。

注意：在写的时候，每减 1 之后，要添个括号，再乘 $\frac{4}{5}$。这样 5 次之后，便得到了 y。所以，

$$y = \frac{4}{5}\left\{\frac{4}{5}\left[\frac{4}{5}\left[\frac{4}{5}\left[\frac{4}{5}(x-1)-1\right]-1\right]-1\right]-1\right\}$$

这一堆符号，可真叫人眼花缭乱。要是你耐着性子，一步一步整理，应当得到 $y = \frac{1024}{3125}(x+4)-4$ 这样的一个等式，也就是

$$y + 4 = \frac{1024}{3125}(x+4) = \frac{4^5}{5^5}(x+4)$$

从这个式子里，我们不能断定 x 和 y 是多少。不过，因为 x 和 y 都是正整数，而 4^5 和 5^5 的最大公约数是 1，所以 $(x+4)$ 一定可以被 5^5 整除。

这样，我们就可以算出 x 至少是 $5^5-4=3121$；而 y 至少是 $4^5-4=$ 1020。

方法靠人找

要是你问这个五猴分桃,有没有简单一点的算法呢?回答是有。

狄拉克本人,就提出过一个简单的巧妙解法。据说,数学家怀特海,也提出了一个类似的解法。

奇怪的是:狄拉克和怀特海都没有想到,这个问题还有一个十分简单的解法。它只用到一点算术知识,是小学生也能算出来的。

这个简单的解法,它的思路是从前面儿子分羊来的,又是先借后还!

桃子不是分不匀,总要剩下 1 个吗?问题的麻烦,就在于多了 1 个桃子。

好。你来扮演一个"助猴为乐"的角色,借给猴子 4 个桃,这不就可以均分成 5 堆了吗?反正最后还剩 1 大堆,你拿得回来的。现在,让 5 个猴子再分一次。

桃子虽然多了 4 个,可是第一个猴子并没有从中捞到便宜。因为这时桃子正好可以均分成 5 堆,它拿到的 1 堆,恰巧等于刚才你没有借给它们 4 个桃子时,它连吃带拿的数目。

这样,当第二个猴子到来时,桃子的数目,还是比你没借给它们时多了 4 个,又正好均分成 5 堆。所以,第二个猴子得到的桃子,也不多不少,和原来连吃带拿一样多。

第三、第四、第五个猴子到来时,情况也是这样。

5 个猴子,每一个都恰好拿走当时桃子总数的 $\frac{1}{5}$,剩下 $\frac{4}{5}$;而开始的时候,桃子的数目是 $x+4$(加上了你借给它们的 4 个)。这样到了最后,便剩下 $(\frac{4}{5})^5(x+4)$ 个桃子,这比剩下的 y 个多 4 个。所以得到

$$y+4 = (\frac{4}{5})^5(x+4)$$

和刚才的结论一样。

因为 $y+4$ 是整数,所以右边的 $(x+4)$ 应当被 5^5 整除。这样,由 $(x+4)$ 至少是 $5^5=3125$,得 x 至少是 3121;y 至少是 $(4^5-4)=1020$。

同样的结论,可是得来全不费工夫!

问个为什么

题目做出来了。你不妨再想一想：这一借一还，究竟是怎么回事呢？为什么一下子就把问题简化了呢？

关键在于，猴子每来一次，桃子的数目发生了什么变化。

在你没有借给它们 4 个桃子的时候，那情况是：每来一个猴子之后，桃子数就减 1、再乘 $\frac{4}{5}$；来 5 个猴子之后，就等于对 x 进行 5 次减 1、乘 $\frac{4}{5}$。

你看，减 1、乘 $\frac{4}{5}$；再减 1、乘 $\frac{4}{5}$；再减 1、乘 $\frac{4}{5}$；再减 1、乘 $\frac{4}{5}$；再减 1、乘 $\frac{4}{5}$。这一串运算多麻烦。

要是你先借出 4 个桃子，使每一个猴子来拿走 $\frac{1}{5}$，然后你再把 4 个桃子拿回来，结果，和前面的计算结果完全一样。这个过程，相当于对桃子数目加 4、乘 $\frac{4}{5}$、减 4。也就是减 1、乘 $\frac{4}{5}$，相当于加 4、乘 $\frac{4}{5}$、

减 4。用字母表示，就是

$$\frac{4}{5}(x-1)=\frac{4}{5}(x+4)-4$$

不信，你算一算，两边确实是恒等的。

这样看来，猴子每来一次，桃子数的变化有两种计算方法：一种是减 1、乘 $\frac{4}{5}$；另一种是加 4、乘 $\frac{4}{5}$、减 4。

后一种计算方法是 3 步，好像更麻烦了。其实，多次连续进行计算，就显出它的优越性来了。你看：

加 4、乘 $\frac{4}{5}$、减 4；加 4、乘 $\frac{4}{5}$、减 4；加 4、乘 $\frac{4}{5}$、减 4；加 4、乘 $\frac{4}{5}$、减 4；加 4、乘 $\frac{4}{5}$、减 4。这中间有四次减 4、加 4 互相抵消，总效果是：

加 4、乘 $\frac{4}{5}$、乘 $\frac{4}{5}$、乘 $\frac{4}{5}$、乘 $\frac{4}{5}$、乘 $\frac{4}{5}$，再减 4。这是一个很好算的过程，那结果，可以一下子写出来：

$$y=(\frac{4}{5})^5(x+4)-4$$

像这样把一个运算过程，变成另一个形变值不变的运算过程，在数学上叫作相似方法。

思 考 题

1. 设有 m 个桃子，k 只猴子，每只猴子来到之后，把桃子分成 k 堆，还剩下 r 个，它吃掉 r 个之后，又拿走了一堆。这样 k 只猴子都来了之后，至少还有多少桃子？

2. 桌子上有一壶凉开水，其中放了 50 克糖。一个孩子跑来，把糖水倒出一半喝掉，添上 30 克糖，加满水，和匀，走了。这样来过 5 个孩子之后,壶里还有多少糖？来过很多孩子之后,壶里的糖能增加到100克吗？

巧用加和减

说起来叫人难以相信。和牛顿同时创立微积分的大数学家莱布尼茨，有一次，竟被一道简单的因式分解题难住了。这个题目是：把 x^4+1，分解成两个二次多项式的乘积。

你会做这个题目吗？

要是你一时分解不出来，请想一下，用配方法分解二次多项式是怎么做的。例如：

$$x^2-6x-1$$
$$=x^2-6x+9-9-1$$
$$=x^2-6x+9-10$$
$$=(x-3)^2-(\sqrt{10})^2$$
$$=(x-3+\sqrt{10})(x-3-\sqrt{10})$$

做这个题目的关键，是加 9 又减 9。加 9，是为了凑成完全平方式；减 9，是为了保证式子的值不改变。这一加一减，变换了代数式的形式，解决了问题。

　　配方，不限于配常数项，也可以配一次项，配二次项。莱布尼茨没有做出的那个题目，就是用一加一减的配方法解决的。你看：

$$x^4+1$$
$$=x^4+2x^2+1-2x^2$$
$$=(x^2+1)^2-(\sqrt{2x^2})^2$$
$$=(x^2+1+\sqrt{2x^2})(x^2+1-\sqrt{2x^2})$$
$$=(x^2+\sqrt{2}x+1)(x^2-\sqrt{2}x+1)$$

　　为什么这道题难住了莱布尼茨，却难不倒我们呢？原因很简单。我们把前人千辛万苦积累起来的知识，通过课堂和课外学习，用比较少的劳动就拿到了手。我们是站在前人的肩上的，所以显得比前人高。

思 考 题

　　$x^2-a^2=(x+a)(x-a)$，是一个很重要、很有用的公式。在数学课上，我们是展开右边得到左边的式子的。你能用一加一减的办法，由左边得到右边吗？

少儿科普名人名著书系

二次变一次

一元二次方程和二元一次方程,是两种不同的方程。

你相信吗?用一点一加一减的技巧,我们就可以把一元二次方程变成二元一次方程。

设一元二次方程

$$x^2 + px + q = 0$$

的两个根是 x_1 和 x_2。根据根与系数关系的韦达定理,有:

$$x_1 + x_2 = q$$

$$x_1 + x_2 = -p \tag{1}$$

要是再找出 $x_1 - x_2$,不就可以列出一个二元一次方程组了吗?

利用差的平方公式和一加一减的技巧,得:

$$(x_1 - x_2)^2$$

$$= x_1^2 - 2x_1x_2 + x_2^2$$

$$= x_1^2 + 2x_1x_2 + x_2^2 - 2x_1x_2 - 2x_1x_2$$

$$= (x_1 + x_2)^2 - 4x_1x_2$$

代入 $x_1 + x_2 = -p$, $x_1x_2 = q$

得 $(x_1 - x_2)^2 = p^2 - 4q$

即 $x_1 - x_2 = \pm\sqrt{q^2 - 4q}$ （2）

把（1）和（2）联立，正好是一个二元一次方程组。你把它解出来，恰好得到二次方程的求根公式！

原来，数学的花园到处是连通的，我们经常可以从不同的出发点，走到同一个地方去。你这样多走一走，熟悉这个花园，也就会更加喜欢这个花园。

0 这个圈圈

前面讲儿子分羊，用到了分子是 1 的分数。这种分子是 1 的分数，叫作埃及分数。

古埃及人只用这种分数。碰上 $\frac{2}{5}$，他们就用 $\frac{1}{3} + \frac{1}{15}$ 来表示；碰上 $\frac{3}{7}$，他们就用 $\frac{1}{4} + \frac{1}{7} + \frac{1}{28}$，或者用 $\frac{1}{6} + \frac{1}{7} + \frac{1}{14} + \frac{1}{21}$ 来表示。

现在，有这样 99 个埃及分数：

$$\frac{1}{2}, \frac{1}{3}, \frac{1}{4}, \frac{1}{5}, \frac{1}{6}, \cdots, \frac{1}{99}, \frac{1}{100}。$$

你能够在二三十分钟之内，从中挑出 10 个，使这 10 个不同的埃及分数的和等于 1 吗？

要是你没有一定的方法，光靠碰运气，一定会一次又一次地失败的。

要是你想到了一加一减，便有一个巧妙的方法：

$$1 = 1 - \frac{1}{2} + \frac{1}{2} - \frac{1}{3} + \frac{1}{3} - \frac{1}{4} + \frac{1}{4} + \cdots - \frac{1}{9} + \frac{1}{9} - \frac{1}{10} + \frac{1}{10}$$

$$= (1 - \frac{1}{2}) + (\frac{1}{2} - \frac{1}{3}) + (\frac{1}{3} - \frac{1}{4}) + \cdots + (\frac{1}{9} - \frac{1}{10}) + \frac{1}{10}$$

$$= \frac{1}{2} + \frac{1}{6} + \frac{1}{12} + \frac{1}{20} + \frac{1}{30} + \frac{1}{42} + \frac{1}{56} + \frac{1}{72} + \frac{1}{90} + \frac{1}{10}$$

这样，一件看来难于做到的事，轻而易举地便成功了。

为什么一加一减的方法这样有用呢?

一加一减等于 0。各种各样的一加一减，便是 0 的各种各样的表现形式。

你不要小看了 0 这个圈圈，这一圈，可就圈进了代数里的一切恒等式。把一个恒等式移项，便得到一个恒等于 0 的代数式。所以，我们可以把任何样子的一个恒等式，看成是 0 的一种表现形式。

$$(x+y)^2 = x^2 + 2xy + y^2$$

可以写成

$$(x+y)^2 - x^2 - 2xy - y^2 = 0$$

$$x^2 - y^2 = (x+y)(x-y)$$

可以写成

$$(x+y)(x-y) - x^2 + y^2 = 0$$

你看，形式变了，本质总是 0。

各种各样的恒等式变形，正是代数学所要研究的重要内容。这样，我们就可以说:代数学的重要内容，是研究 0 的各种表现形式!

解方程，可以把方程的各项移到左边，右边是个 0；找到了未知数，便是找到了 0 的一个特定的表现形式。

恩格斯说:"0 比其他一切数都有更丰富的内容。"

0 如此重要，有趣的是，从人类开始使用数字到发明 0 这个记号，竟用了几千年之久。这大概是你想不到的吧。

思 考 题

利用一加一减的方法，计算 $1^2+2^2+3^2+\cdots+100^2=?$

有名的怪题

有这么一个故事，曾经在一些国际数学家聚会中流传。他们把这个故事里提出的问题，叫作"看来几乎无法回答的问题"。

现在，我把这个故事写在下边，做一些分析说明。

有一个一元二次方程。它的两个根都是大于 1 的正整数，而且两根的和不超过 40。这个方程写出来是：

$$x^2 - px + q = 0$$

（纸上 p、q 处写的是数。）

有人把写有这个方程的纸条从中间撕开，把带有数 p 的一半给了数学家甲，把带有 q 的另一半给了外地的数学家乙。

于是，甲知道了两根的和（p），乙知道了两根的积（q）。

过了一会，甲打电话告诉乙说："我断定，你一定不知道我手中的 p。"

又过了一会，乙回电话说："可是，我已经知道你的 p 是多少了。"

再过了一会，甲回电话说："我也知道你的 q 了。"

请问:这个方程的两个根是什么?

这个问题,怪就怪在没有已知数,好像很难。其实,仔细看明问题,经过一番分析,用算术知识便能解答。

关键在于:甲所说的"你一定不知道我手中的 p"意味着什么?

它意味着:p 一定不能写成两个素数的和。

因为 $p=a+b$,要是 a,b 都是素数,那么,乙手中拿到的 q,就有可能是 ab;要是 $q=ab$,q 就只有一种分解因子的方法,乙便知道甲手中的 p 了。

注意!甲断定,乙一定不知道 p。这就是说:乙手里拿的 q,一定不是两个素数的积。也就是说:甲自己拿到的 p,不是两个素数的和。

这样,乙就可以一个一个地检查,在 4 到 40 之中,把不能分成两个素数的和的数,全部找出来。它们是:

11,17,23,27,29,35,37。

现在,乙已经知道甲手中的 p,不外乎是这 7 个数了。

那么,甲、乙手里是什么数时,乙能准确地说出甲手中的 p,同时甲又能准确地说出乙手里的 q 呢?

先看 11。

要是乙手里是 18、24 或者 28,那么,因为

$18=2\times9=3\times6$,只有 $2+9$ 在这 7 个数之中;

$24=3\times8=2\times12=4\times6$,只有 $3+8$ 在这 7 个数之中;

$28=4\times7=2\times14$,只有 $4+7$ 在这 7 个数之中。

可见,乙手里拿到 18,24 或者 28,都能断定甲手中是 11;可是这时,甲却不能断定乙手里是 18,24,还是 28。

所以,甲手里不是 11。

再看 23。

$130 = 10 \times 13 = 5 \times 26 = 2 \times 65$，只有 $10 + 13$ 在这 7 个数之中；

$126 = 14 \times 9 = 7 \times 18 = \cdots$，只有 $14 + 9$ 在这 7 个数之中。

可见乙手里拿到 130 或者 126，都能断定甲手里是 23；可是这时，甲不能断定乙手里是 130，还是 126。

所以，甲手里不是 23。

同样的道理，甲手里不是 27，不是 29，不是 35，不是 37。最后，只剩下一种可能：甲手里拿到了 17。

甲手里的 p 是 17，乙手里可能拿到：

$30 = 2 \times 15$，$42 = 3 \times 14$，$60 = 5 \times 12$，$66 = 6 \times 11$，$70 = 7 \times 10$，$72 = 8 \times 9$，$52 = 4 \times 13$。

要是乙拿到 30，$30 = 5 \times 6$，$5 + 6 = 11$，乙就不能断定甲拿到的是 11，还是 17。

所以，乙拿到的不是 30。

同样的道理，乙拿到的不是 42，不是 60，也不是 66，70，72。最后，只剩下一种可能：乙拿到的是 52。

$52 = 4 \times 13 = 2 \times 26$。因为 $2 + 26 = 28$，不在这 7 个数之中，所以乙可以断定甲拿到了 17。

结果，这个方程的两个根是 4 和 13。

以上解决问题的方法叫作枚举法，又叫穷举法，就是把各种可能一一列出、加以分析，从中找出解答。

许多实际问题，现在只能用枚举法来解决，这是无可奈何的办法。所以，它也可以算是一种解题的好办法。

你的脸在哪里

记得我 6 岁的时候，姑姑问我一个怪问题："你知道你的脸在哪里吗？"

我想，这还会不知道，用手朝脸上一指说："这不是嘛。"可是她摇摇头说："那是鼻子。"

于是，我把手指挪了个地方，可是她说："那叫腮帮子，不是脸。"

我把手指往旁边挪一下，她说："那是嘴巴。"往上挪呢，她说："那是眼睛。"再往上，"那是前额。"最下面呢，"那是下巴颏儿。"

我窘住了。在自己的脸上，居然找不到脸，真是奇怪了。最后，终于想到了以攻为守，反问起来："那，你的脸在哪儿呢？"

姑姑笑了，说："把我的鼻子、腮帮子、嘴巴、眼睛、前额、下巴颏儿……放在一起，就是我的脸。"

我恍然大悟，知道了什么是脸！

放在一起考虑

在日常生活中，我们常常需要把一些事物放在一起考虑，并且给它们一个总称。你看：

樱桃、梨子、苹果、桃……总称为水果；

笔、圆规、三角板、橡皮……总称为文具；

椅子、桌子、书架、床……总称为家具；

A、B、C……X、Y、Z 总称为大写的英文字母；

红、橙、黄、绿、蓝、靛、紫……总称为颜色。

这种总称的办法很重要！要不把樱桃、梨子、苹果、桃……总称一下，一个卖这些东西的商店，该叫什么商店呢？

在数学里，当我们把一些事物放在一起考虑时，便说它们组成了一个"集合"。

集合的意思，和体育老师一吹哨子，把同学集合起来差不多。我们在头脑里一想，便把很多事物放在一起了。

1,2,3,4,5,6,7,8,9,0,这 10 个数字，便组成一个集合。

从 1 到 9，每个数字代表一个自然数。把 10 个数字中的几个排列在一起，还可以表示更大的自然数：10,11,12……这就是全体自然数的集合。

两个自然数相除，得到一个正分数。这样，我们又和全体正分数的集合打起交道来了。

一个集合，总是由一些基本单元组成的。这些基本单元，叫作这个集合的"元素"。

比方说，3 是正整数集合的元素，或者说 3 属于正整数集合；$\frac{1}{3}$ 是正分数集合的元素，或者说 $\frac{1}{3}$ 属于正分数集合。

在代数里，我们还要和全体有理数的集合、全体实数的集合，所有代数式的集合、一次方程的集合、二次方程的集合打交道。

在几何里，我们又接触到了点的各种集合：直线、线段、圆。还有直线的集合、三角形的集合、多边形的集合，等等。

　　集合，是数学里最基本的术语之一，也是最重要的概念之一。研究集合的数学，叫作集合论，是现代各门数学的基础。

到处都有集合

除了在数学里遇到集合之外，你还可以毫不费力，举出形形色色的集合来。

走过百货商店，看到橱窗里琳琅满目。这个橱窗里摆的所有的样品，组成一个集合；每一件样品，便是这个集合里的一个元素。

到了教室里，全班 45 位同学都到齐了，45 位同学组成一个集合。这个集合里有 45 个元素，你也是它的一个元素。班里有 20 位女同学，这 20 位女同学也组成一个集合。这个集合比全班同学集合小，只有 20 个元素；而且这 20 个元素，又都在全班同学集合的 45 个元素之中。这样，女同学集合便是全班同学集合的一个"子集合"。

你去过动物园吗？动物园里有许多珍禽异兽：调皮的猴子、可爱的熊猫、凶猛的老虎……它们也组成一个集合。这个集合有多少元素呢？我说不上来，要到动物园去调查一番才能知道。动物园里的动物，又分为哺乳动物、禽鸟、爬虫……它们各自组成一个子集合。

李老师只有一个孩子。李老师的孩子组成一个集合。这个集合里只有一个元素。

所有比 10 小的素数，组成一个集合。这个集合里只有 2，3，5，7 四个元素。

所有正偶数组成一个集合：2，4，6，8……无穷无尽，这是一个"无穷集"。线段 AB 上的点，平面上的三角形，所有的一元一次方程，分别都组成无穷集。

也有这样的集合，它里面一个元素也没有，叫作"空集"。方程 $x^2+1=0$ 的所有实根，便组成一个空集。因为方程 $x^2+1=0$，根本就没有实根。

还有这样的集合，它里面有没有元素，有多少元素，至今是一个谜。

地球上有没有一种叫作"雪人"的类人动物，现在还没有定论。这个集合是不是空的，谁也不知道。

在大于 4 的偶数中，有没有这样的偶数，它不能表示成 2 个素数的和？这样的偶数组成一个集合，它也许是空的，也许是有穷的，也许是无穷的。弄清楚这个集合里有没有元素，是有穷个元素、还是无穷个元素，这就是有名的哥德巴赫问题。

许多实际问题、科学问题和数学问题，归根结底，都是要弄清楚某个或者某些集合的情况。

思 考 题

在语文课上，我们逐步熟悉了常用字的集合，常用词的集合，名词的集合，形容词的集合。请你想一想，是不是各门功课，都要和某些集合打交道呢？

鸡和蛋的争论

　　先有鸡，还是先有蛋？这是一个流传很广的古老问题。人们常把它当作一个无法回答的问题。因为：

　　说先有鸡，那么，这个鸡从何而来？当然是从蛋里孵出来的。那岂不是蛋比鸡早？

说先有蛋,那么,这个蛋从何而来? 还不是鸡生的。那岂不是鸡比蛋早?

也许你会说:世界上并没有最早的鸡,也没有最早的蛋;鸡生蛋,蛋生鸡,可以上溯到无穷远,本来就不存在什么先有鸡,还是先有蛋的问题。

这种说法是不对的。科学告诉我们:万物都有历史。大量的事实证明,地球不是从来就有的,地球上的生物不是从来就有的,鸡也不是从来就有的,地球上确实应当有最早的鸡和最早的蛋。所以,先有鸡,还是先有蛋,这个问题是有意义的。

基督教认为:上帝造人,上帝造一切生物,上帝也造了鸡。既然上帝是造了鸡,那就是先有鸡了。按照这种说法,最早的蛋是鸡生的,而最早的鸡是上帝造的。

这个答案倒简单,可它是错的,因为根本就没有上帝。生物学的研究已经证实:现有的生物是在亿万年漫长的时间里,由无机物到有机物,由无生命到有生命,由单细胞到多细胞,由低级到高级,逐渐进化来的。

具体说,鸟类是由爬行类的一支进化来的;而鸟类中的某一个分支,又演化成了现代的鸡。古往今来的鸡虽然很多,可总是有穷只,它们组成一个"有穷集"。这里面,总有一批是最早的。

怎样从鸟类中演化出鸡的呢?

这是一个渐变过程。简单说:鸡的祖先,因为遗传性的改变产生出一些蛋,这些蛋孵化成最早的鸡;之后,又发生变化,才逐渐出现我们现在看到的鸡。

什么叫作鸡蛋

现在，问题已经水落石出了。关键在于，孵出了最早的鸡的蛋，有没有资格叫作"鸡蛋"？要是它可以叫作"鸡蛋"，答案就是先有鸡蛋，而最早的鸡蛋，不是鸡生的；要是它不能算是"鸡蛋"，答案就是先有鸡，而最早的鸡，是从一种不叫"鸡蛋"的蛋里孵出来的。

这样看来，只要我们把鸡蛋的定义弄清楚，问题便很好解决了。也就是说，要弄清楚全体鸡蛋组成的集合，究竟包括哪些元素。要是规定：鸡生的蛋才叫"鸡蛋"。那么，答案一定是先有鸡。要是规定：孵出鸡的蛋就算"鸡蛋"。那么，答案一定是先有鸡蛋。

这样看起来，要弄清一个问题，讲清一个道理，有关的集合的元素一定要交代清楚！

研究推理的学问叫作逻辑学。这个例子，说明逻辑学和集合论是紧紧地联系在一起的。

白马不是马吗

有时候,你会听到这样的话,明明是毫无道理,甚至荒谬绝伦,却又振振有词,一下子难以驳倒。这种话叫作怪论或者诡论。

2000多年前,我国有一位善于辩论的人叫公孙龙。他有一个有名的怪论,叫作"白马非马"。

白马非马,就是说白马不是马。这不是在胡说吗?谁能相信白马不是马呢?可是,公孙龙偏有他的歪道理:要是白马是马,那么,黑马也是马;马又是白马,马又是黑马,那么,黑马就是白马,黑就是白了,岂不荒谬?

这话的毛病出在什么地方呢?

毛病在于:日常说话用的语言,是不精确、不严密的;而同一个词,又往往有不同的含义。我们平时说话,只要能听懂,不误会,也就可以了;要是用来认真地讨论问题,就容易出现漏洞。这就给了公孙龙胡说以可乘之机。

好。让我们来分析一下吧。

"是"是什么意思

拿"白马是马"的"是"字来说,常见的有 3 种含义:

一、"是"可以表示"一样"。3 市尺是 1 米,《阿 Q 正传》的作者是鲁迅……这时,"是"就起了数学中的"等号"的作用。

二、"是"可以表示元素和集合之间的归属关系。在"祖冲之是我国古代的数学家"这句话里,祖冲之是一个数学家,而我国古代的数学家很多,一个人不能等于很多人,只能属于这很多人组成的集合。

三、"是"可以用来表示两个集合之间的包含关系。在"狗是哺乳动物"这句话里,狗表示一个集合——由所有的狗组成的集合;哺乳动物也表示一个集合。这句话的含义,是说狗集合包含于哺乳动物集合。也就是说,狗集合是哺乳动物集合的一个子集。

一个人兼职太多了,会顾此失彼。一个字的含义太多了,容易造成含糊和混乱。一字多解,在文学作品中是双关语、俏皮话的材料;而在认真的讨论中,有时就成为诡辩的得力工具了。

思 考 题

"是"字还有什么用法？

公孙龙的花招

现在,回到"白马是马"的问题上。这里的"是"字,是以什么身份出现的呢? 在这里:

白马,是由所有白色的马组成的集合;马,包括了白马、黑马、老马、小马……是由所有的马组成的集合。

很明白,白马是马,无非表示白马集合包含于马集合。也就是白马所组成的集合,是马集合的子集。"是"字在这里,表示"包含于",是前面说的第三种含义。

公孙龙的诡辩是怎么回事呢? 他利用了"是"的多种含义,在那里偷换概念。他的推理过程是:

要是白马是马,那么,白马=马;要是黑马是马,那么,黑马=马。这时,他把"是"字当成"等于",得到白马=黑马,推出了矛盾。这就是说,白马集合不包含于马集合。也就是说,白马非马。这时,他又把"是"字当成"包含于"了。

这一分析，真相大白：开始，他把"是"字说成"等于"；最后，又让"是"字起"包含于"的作用。偷换概念，是爱诡辩的人的拿手好戏。

当然，公孙龙的怪论中没有用"是"字，而用了"非"字；可是，"非"是"是"的反面。既然"是"字可以表示等于、属于和包含于，那么，"非"字自然也可以有3种不同的含义，就是不等于、不属于和不包含于。

明白了这个道理，我们就会对付公孙龙了。当他在我们面前说什么"白马非马"的时候，只要问他：

你说的"非"字，是什么意思呢？是"不等于"，是"不包含于"，还是"不属于"呢？

要是表示"不等于"，"白马非马"的意思，无非是说：白马集合不等于马集合。这当然不错，不算怪论。要是表示"不包含于"，那就错了。因为白马集合包含于马集合。

要是表示"不属于"，"白马非马"是说：白马集合不属于马集合。这也对。因为马集合的元素，是一匹一匹具体的马；而白马不表示某一匹具体的马，只表示所有白马组成的集合。原来，白马集合是马集合的子集，不是它的元素。它们之间的关系，是集与它的子集的关系，用"包含于"表示，不用"属于"。

凡事怕认真。这样认真地咬定不放，公孙龙也就没有什么花招可耍了。

你能吃水果吗

和"白马非马"类似的说法，外国也有。

德国哲学家黑格尔说过：你能吃樱桃和李子，可是不能吃水果。

这是什么意思呢？

这是说，樱桃和李子不是水果。这不是和"白马非马"差不多吗？

其实，樱桃和李子都是水果。水果是一个大集合，樱桃、李子是这个大集合的子集。说樱桃是水果并没有错。不过，这个"是"字在这里代表"包含于"，而不代表"等于"罢了。

说吃水果也没有错。因为说的人心里清楚，听的人也明白，意思是吃某个水果。用数学的术语来说，就是说吃水果集合里的某个元素，或者某些元素。不过，日常说话不能要求像数学那么严格，只要让大家明白就行了。要是不说"我在吃水果"，而说"我在吃水果集合里的某些元素"，别人听了，反而会糊涂起来，弄不明白你究竟在吃些什么了。

这个道理，听起来有些稀奇古怪，细想一下，类似的例子多得很。

狗是一个大的概念；黄狗、黑狗便是小概念；家里喂的一只小花狗，便是具体的事物。这里，大概念相当于一个大的集合；小概念相当于子集；具体的事物，相当于集合里的元素。

还有，谁见过房子？当然，谁也没见过房子，只见过农村的茅屋和砖房，城市的高楼和大厦。

还有，世界上哪有车子？只有汽车、火车、自行车、平板车、马车……

说怪也不怪。有些还处于原始社会阶段的部落，往往只有具体的名词。比方说，在他们的语言里，只有老人、小孩、男人、女人这些词，偏偏没有单独的"人"字。他们会说 3 只羊、3 条鱼、3 匹狼，却不知道单独的"3"是什么意思。

你看，集合的思想，和语言也有密切的联系！

符号神通广大

我们已经讲过了 5 个重要的数学术语。这就是：

集合、元素、子集、属于、包含于。

它们的含义和用法，简单地说，就是两句话：

一、集合是由某些事物放在一起组成的，这些事物，都叫作这个集合的元素。比如 a 是集合 M 的元素，便说 a 属于 M。

二、要是甲集合的任一元素都是乙集合的元素，便说甲集合是乙集合的子集，或者说甲集合包含于乙集合，或者说乙集合包含了甲集合。

用 2 个符号，可以把这两句话的意思表示得既准确，又简洁：

一个符号是"$\in$"，读作属于；

一个符号是"$\subseteq$"，读作包含于。

它们都是集合论中的最基本、最重要的专用符号（还有一个重要的符号是"$\subset$"，读作真包含于）。

$\in$ 出现的时候，前面必有一个字母或者其他符号开路，后面必有另一个字母或者符号追随。比如：

$$b \in S, \ \frac{1}{10} \in Q$$

一看到这样的 3 个小东西，我们头脑里就要赶快反应：S 是一个集合，b 是 S 的一个元素，b 属于 S；Q 是一个集合，$\frac{1}{10}$ 是 Q 的一个元素，$\frac{1}{10}$ 属于 Q。

符号 $\subseteq$ 也必然是前有"探马"，后有"卫士"的。不过，它前后的两个符号都代表集合，不像 $\in$ 那样，前面是元素，后面才是集合。一看见

$$A \subseteq B$$

就要马上想道：A 包含于 B，A 和 B 都是集合，而且 A 是 B 的子集。

子集的"子"字，使人联想到孩子、儿子。A 是 B 的子集，有点像说：A 是 B 生的孩子。可是，这里有一点不同：孩子总比父母小，而 A 有时可以和 B 一样！

为什么呢？

再看看子集的定义就清楚了：要是甲集合的任一元素都是乙集合的元素，便说甲集合是乙集合的子集。好，要是乙集合就是甲集合，甲集合的元素当然也是乙集合的元素。所以，按定义，每个集合都是自己的子集，$A \subseteq A$ 永远是对的。

$\in$ 和 $\subseteq$ 是不能混淆的两个完全不同的符号。

要是既有 $A \subseteq B$，又有 $B \subseteq A$，那说明 A 的元素和 B 的元素完全一样，这时，就说 $A = B$ 了。

初次见到 $\in$ 和 $\subseteq$，也许你会觉得奇怪：为什么要用这样的符号呢？用文字不是也能说明白吗？

大量使用符号来代替文字,是数学的一个十分重要的特点。

0,1,2,3……是符号;

＋、－、×、÷……是符号;

≌、∠、△、⊙……是符号;

∈和⊆也是符号。

数学符号多是有道理的。

首先,数学符号非常简便。a 属于 S,"属于"两字有 10 多画,用符号 ∈ 只有 2 画,多么方便。别小看了简便。简便可以节省时间,这可不是小事。

符号的第二个好处,是意思清楚、准确。一个符号只有一个确定的含义,是"专职人员"。在日常语言中,"属于"这个词可用在很多地方:荣誉属于人民,狗属于哺乳动物……而在数学里,符号"∈"只能用于说明集合和它的元素之间的关系!

符号还有第三个优点:它是世界通用的。在翻译数学书时,用符号组成的式子,只要照抄就可以了,这就为科学成果的交流,提供了很大的方便。有人曾经设想:要是我们有一天能和外星人取得联系,那么,能够促进这两类语言不通的智慧生物互相理解的东西,在开始的时候,也许只有音乐、图画和数学里的图形与符号。

符号的好处值得一提的,还有它的醒目的特点,能使人在头脑里迅速做出反应。

另外,使用符号,使人们发现了一些新的数学定律、公式和数学分支,这更是符号的大功劳。在这方面,说来话长,这里就不多说了。

不能这样回答

很多事物,因为常见常用、习以为常,大家往往不去多想多问,以为自己已经十分明白了。一旦寻根究底,这才发现,其中,还有好些没有弄清楚的地方。

你早就学过加法。现在问你:什么是相加?

也许你觉得太简单了。加，就是放在一起。3个苹果和5个苹果放在一起，是8个苹果。

要是问你：把一只老鼠和一只猫放在一起，猫把老鼠吃掉了，消化掉了，是不是 $1+1=1$ 呢？

当然不是。猫和老鼠放在一起，不是算术里说的放在一起。或者说，算术里的"加"和生物化学里的"加"是不一样的。

再问你一个问题：班里组织了航模和无线电两个课余兴趣小组，一个小组有3位同学，另一个小组也有3位同学，这两个小组共有多少同学？

要是你应声答6位，那就错了。

不信，请看两个小组的名单：

航模小组：李华、江明、徐志高；

无线电小组：丁一、李华、林小海。

你数一数，两个小组共有几位同学？ 一共是5位，因为李华一个人参加了两个小组。

这不是 $3+3 \neq 6$，而是不能用算术里的相加，来解决这样的问题。

类似的问题很多。例如：王老师有一个孩子，李老师也有一个孩子，两位老师共有多少孩子？

李华看过21部电影，江明看过17部，两人共看过多少部电影？

对这样的问题，都不能简单地把数一加了事！

一种新的加法

有些放在一起是多少的问题，不能用数的加法来直接计算。

数的加法，只能用在某些放在一起的问题上。第一，放在一起的东西要是同类的。1 头牛和 1 只羊，不能用 1+1=2 的办法去算。这叫作同名数才能相加。第二，放在一起的两组东西，在它们之间不能有公共成员。你家有 3 人喜欢数学，5 人喜欢文学，就可能只有 5 人，而不是 8 人。

这些清规戒律是不可少的。

可是，在实际生活中，我们会经常碰到一些不同名数的东西、几组有公共成员的东西放在一起算的问题。例如：

两个班的同学共订有多少种报刊？

两个动物园共有多少种珍禽异兽？

中国各地共有哪些野生动植物资源？

处理这些问题，就必须有一种不受那些清规戒律约束的加法，这就是集合的加法!

把甲、乙两个集合的元素放在一起,组成一个新的集合丙,丙叫作甲与乙的"和集"。为了区别于数的加法,丙也叫作甲与乙的"并集",或者简单地叫作"并"。

也许你会问:一个元素既属于甲又属于乙,那么,它在并集丙中算一个元素,还是算两个元素呢?

当然是一个元素。两个课余兴趣小组在一起开会时,李华虽然参加了两个小组,可是开会时,仍然只给他准备一个座位。各班都订了《中学生》杂志,在统计全校订有的报刊种类时,仍然只算一种。

甲班订了 10 种报刊,乙班也订了 10 种报刊,问甲、乙两班共订了多少种报刊? 这就是问并集里有多少元素的问题。

订了多少种报刊呢? 这可难说。也许有 20 种,也许有 19 种,也许只有 10 种。这要看甲、乙两班订的同样的报纸有几种。要是有 5 种是一样的,那就共订了 15 种。算法很简单:

10(甲集元素数)+10(乙集元素数)-5(甲、乙公共元素数)=15(并集元素数)

这样,我们就有了一个计算并集元素个数的公式:

(两集元素数的和)-(两集公共元素数)=(并集元素数)

这么说起来,要弄清并集里有多少元素,非得知道两集有哪些公共元素不可吗?

对。甲、乙两集公共的元素,也就是那些既属于甲、又属于乙的元素,它们组成的集,叫作甲集和乙集的"交集",或者简单地叫作"交"。并和交,是集合论里的一对基本运算。

思 考 题

1.有个淘气的同学,给自己算了一笔时间账,发现他简直没时间上课了:

每天睡 8.5 小时,一年睡 129 天还多;

星期日全天和星期六半天不上课,共约 78 天;

两个月暑假和一个月寒假,是 90 天;

每天吃饭用掉 2 小时,共 30 天还多;

每天两小时课外活动,共 30 天还多;

元旦等假日 8 天以上。

以上共有 129＋78＋90＋30＋30＋8＝365 天。一年 365 天正好,怎么还能上课呢。

请问这笔账错在哪里了?

2. 全班 36 位同学,数学得 90 分以上的 27 人,语文得 90 分以上的 21 人,两门都得 90 分以上的 18 人,问两门都不满 90 分的有多少人?

什么叫作相交

陈毅是我国的元帅，又是热情奔放的诗人。他曾经风趣地说："在诗人当中，我是一个元帅；在元帅当中，我是一个诗人。"当然，这句话是他的谦逊之词，是说自己既算不得元帅，也算不得诗人。实际上，陈毅是当之无愧的元帅兼诗人。

要是用数学语言来表达，就可以这样说：我国所有的元帅组成一个元帅集合，所有的诗人组成一个诗人集合，陈毅就属于这两个集合的交集。

交集这个词，许多人不知道。可是，交集这个概念，大家实际上常常在用。学校招生的时候，往往列出几个必要的条件，每个条件可以确定一个集合，属于这几个集合的交集，才准报名。

在数学课上，我们更是常常接触到交集。两直线的交点，也就是两直线的公共点。把一条直线看成它上面的点的集合，那么，交点就是两个点集的交集的元素。

你还可以举出,直线和圆相交、空间两平面相交等许多几何中的例子。

有一个有趣的问题:在一粒花生米的表面,可以找到一条能够一丝不差地贴在乒乓球表面的曲线吗?

也许你以为这是一个很难的立体几何问题,其实简单得很:把花生米曲面和乒乓球表面随便交一下便行了! 不过,对没想到相交的人来说,恐怕就百思不解了。

思 考 题

交集的概念,和方程组的解有什么关系?

没有来的举手

在一次班会上,老师问道:"都到齐了吗? 没有来的请举手。"

这当然是一句玩笑话。要知道哪些同学没有来,只要弄清楚哪些同学来了就可以了。

全班同学组成一个集合,出席同学组成它的一个子集。从全班

没来的同学请举手！

同学集合中去掉出席同学集合中的元素,剩下的就是缺席的同学,他们组成另一个子集。

把出席子集和缺席子集并起来,恰好是全班同学的集,既不重复,也不遗漏。我们说,这样的两个子集是互补的集合。

说到互补,必须先有一个"全集"。说甲集和乙集互补,是相对于全集说的。刚才说的全集,就是全班同学的集。

这个互补的意思,在日常生活中,在数学里,都很重要。

现在几点了? 9点差5分。这里不说8点55分,是因为9点差5分更简明,给人的印象更清楚。这就用到了补的思想。我们在电影上经常看到,公安人员侦破案件时,总是不断地把确证不可能作案的人排除,一步一步地缩小调查范围。这也用到了补的思想。

在学习心算和速算的时候,补数的用途很多。进位加法的口诀是"进一减补",退位减法的口诀是"退一加补"。乘法速算用到补数的地方也不少。

补的思想还可以再推广:按加法,9和1、97和3、49和51……是互补的;按乘法,0.2和5、4和0.25……也可以说是互补的。不过,为了避免混淆,我们说它们互为倒数。倒数在速算中也很有用。

在几何里,补角和余角,都是互补思想的应用。不过,以直角为标准时不叫互补,而叫互余罢了。

并、交、补是集合之间的3类重要运算。它们在逻辑的研究中,在电子计算机的设计和应用中,都有很大的用处!

猜生年的游戏

1983 年是"猪"年。当邮局开始出售印有 1 头大肥猪的邮票时，许多集邮迷争相购买，生怕买不到这头"猪"。

为什么要把年与猪联系在一起呢？

这是我国干支纪年的通俗说法，在民间流传已久。它用 12 种动物轮流标记年份，顺序是鼠、牛、虎、兔、龙、蛇、马、羊、猴、鸡、狗、猪。

1983 年是猪年，1982 年便是狗年，1984 年便是鼠年。要是你是上一个猪年——1971 年生的，到 1983 年这个猪年的生日那天，便是 12 周岁。

一个人出生那年是猪年，他的"生肖"便是猪，也说他"属猪"。类似的，也说人"属牛""属狗"等。生肖比年代形象好记。知道了一个人是属猪或者属狗，就容易推算出他的年龄。要是推算错了，一错就是 12 岁，很容易发现。

下面，讲一个猜生肖的游戏。

把这 12 种动物画在一张纸上（如图）：

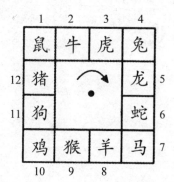

取一张同样大小的卡片,在上面挖6个洞(如图):

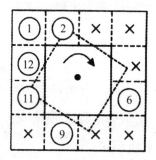

把卡片盖在十二生肖图上,能看见的6个是鼠、牛、蛇、猴、狗、猪,就是1,2,6,9,11,12。请你的一位朋友来,只要问答4次,你便能准确地说出他的生肖来。具体玩法是:

把卡片盖在图上,问:"现在能看见你的生肖吗?"你的朋友说"能",你便记个"○"在一张纸上;说"不能",便记个"×"。当然,你记性好,不用纸笔,在心里记下,游戏的效果就更好了。

然后,把卡片顺时针方向转90°,再问一次。这时,洞里露出来的6个是兔、龙、猴、猪、牛、虎。因为这么一转,对应的号码都加了3,而加3后大于12的再减12,于是,1→4,2→5,6→9,9→12,11→14→2,12→15→3,洞里露出的便是兔、龙、猴、猪、牛、虎了。

再转 90°,问一次;再转 90°,问一次。根据 4 次回答,你马上可以定出他的生肖来。要是 4 次回答是"〇×××",那他就属鼠。

为什么呢?

你这样转动 4 次,反复试试,容易发现卡片洞设计得很好:

一、在 4 个角上的鼠、兔、马、鸡,都只出现 1 次;依次靠后的牛、龙、羊、狗,都要出现 2 次;再依次靠后的虎、蛇、猴、猪,都要出现 3 次。这就把十二生肖的出现等分成 3 类;而且每一类中的 4 个,出现的先后又正好不一样。要是 4 次回答中只有一个"〇",而且是第一次出现,那肯定就是鼠了。

二、回答只可能有 12 种,而且各自对应一个生肖,既不重复,也不遗漏。所以,你能根据回答的情况,准确给出答案。4 次回答与十二生肖的关系,列个表就清楚了:

〇×××　鼠(1);　×〇××　兔(4);

××〇×　马(7);　×××〇　鸡(10);

〇〇××　牛(2);　×〇〇×　龙(5);

××〇〇　羊(8);　〇××〇　狗(11);

×〇〇〇　虎(3);　〇×〇〇　蛇(6);

〇〇×〇　猴(9);　〇〇〇×　猪(12)。

把这个表简化一下,得到:

〇	1	4	7	10
〇〇	2	5	8	11
〇〇〇	3	6	9	12

农村赶集有"1,4,7""2,5,8""3,6,9"的规定,再把10,11,12依次放在后面,就记住了这个表。

思 考 题

这个猜生肖的游戏,你能用集合的补和交,把它的道理说清楚吗?

少儿科普名人名著书系

怎样设计卡片

也许你会问,猜生肖游戏的解答表,怎么那么有规律?它是怎么设计出来的呢?

你看,在卡片转动的时候,角总是落在角上。我们要是只在卡片的左上角挖1个洞,当它转动的时候,顺次看见的只有鼠、兔、马、鸡。

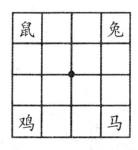 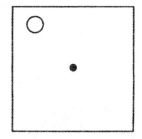

所以,鼠就是○×××,兔就是×○××,马是××○×,鸡就是×××○。

这只解决了4个,那8个怎么办呢?卡片上可只有4个角呀。

你多想想，再细看看，原来牛、龙、羊、狗这4个，也分布在一个正方形的4个角上，只不过这个正方形没有画出来，不惹人注意罢了。

当卡片转动的时候，这个看不见的正方形，角也是落到角上的。在这四个角上也挖1个洞，不是又把牛、龙、羊、狗解决了？不过，这次在4个角只挖1个洞，就太粗心了。比如在牛的位置挖个洞，卡片转动4次，牛就是○×××，牛和鼠就没有区别了。

怎么办呢？

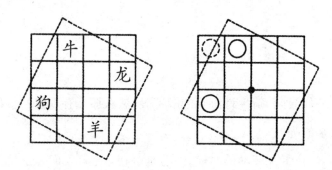

在这4个角上挖2个洞就解决了。有了2个洞，在卡片转动4次中，牛、龙、羊、狗都会出现2次，这就和鼠、兔、马、鸡有区别了。

卡片上多了这2个洞，会不会影响鼠、兔、马、鸡的代号呢？

不会。这2个洞，是怎么也不会落到原来的角上去的。

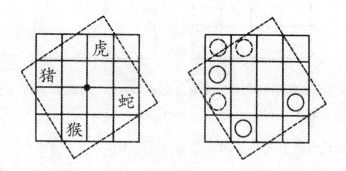

最后剩下的虎、蛇、猴、猪4个，也正好在一个正方形的4个角上，只要在4个角上挖3个洞就行了。

要注意的是那6个洞，可以有多种多样的挖法。上面说的，只是其中的一种。

思 考 题

请你想一想，卡片上的洞有多少种不同的设计方法？在应用时可以有多少种变化？这个游戏和集合有什么联系？

怎样分配钥匙

重要的东西放在柜子里，往往要上锁。

要是 2 个人共同保管 1 柜子重要东西，为了慎重，上 2 把锁，2 人各拿 1 把锁的钥匙。这样，只有 2 人同时在场，才能打开。

要是 3 个人共同保管，并且规定，只要 2 人在场，便可以打开柜子，而 1 个人是打不开的，应当怎么办呢？

容易想道：可以用 3 把锁，每人拿 2 把钥匙。甲、乙、丙 3 个人，A,B,C 3 把锁，甲拿 A,B 的钥匙，乙拿 A,C 的，丙拿 B,C 的。这样，谁来了也不能开 3 把锁，可是任意 2 个人来，就可以了。

更复杂一些，一个办公室有 4 个人，规定够 3 个人才能开那个文件柜，那么，至少要用几把锁？钥匙又应当怎样分配呢？

也许你会说，这还不简单，3 个人用 3 把锁，4 个人用 4 把锁好了。每人拿 3 把钥匙，不就可以了吗？

仔细一想，不行。4 人当中，谁也不能拿 3 把钥匙。要是甲拿了

3把,而第四把在乙手里,岂不是甲、乙2人就把门打开了吗?

类似的道理,谁也不能只拿1把。

如果甲拿了A,另外3个人手里都不可能有A。不然,如果乙手里有A,甲、乙、丙3人能开,乙、丙2人就也能开了。这样,乙、丙、丁3人就打不开了,因为谁也没有A!

既然谁都不能拿1把或者3把,那就只剩下每人2把这一种可能了。每人2把行不行呢?

要是甲拿到A,B2把,那么,另外3人中也有A,B,否则3人来了怎么开呢?设乙、丙在一起就有了A,B,既然甲、乙、丙3人能开锁,那么乙、丙2人也就能开。所以,4把锁是不够的。

5把锁呢?可以证明,5把也不行。想实现提出的要求,至少要6把锁,钥匙的具体分配方案是:

甲:1,2,3;乙:3,4,5;丙:5,6,1;丁:2,4,6。

思 考 题

为什么5把锁不行?用6把锁时,还有没有其他分配钥匙的方法?请你想一想,能不能运用集合的交、并、补,把这两个问题说清楚。

驯鹿有多少只

以前,在北方的寒冷地带,生活着一些原始部族。他们常常养着许多驯鹿,就和农牧民养马、驴、牛、羊一样。

一天,一位远方的客人来到了这里。主人纯朴好客,盛情招待之后,又请客人参观自己的驯鹿群。客人在赞美主人的勤劳和富足之后,提出了一个问题:"尊敬的主人,你家有多少头驯鹿呢?"

这使主人有点为难了。他说:"我们并不经常清点驯鹿的

总数。要是有 1 头驯鹿跑出去,我们看见了,会把它赶回来。不过,既然尊贵的客人希望知道驯鹿的数目,我一定让客人满意。"

于是,他喊来了妻子、2 个儿子和 1 个女儿。他想了想,又请来了 3 位邻人。大家知道了原因,都热情地表示愿意帮助清点驯鹿。他们伸出了自己的双手。

主人把驯鹿放出栏外,再 1 头 1 头地赶回来,每回来 1 头,便有人屈回 1 个手指。最后,主人得意地向客人说:"看见了吧,我的驯鹿比 7 个人的手指头还多 4 头呢。"

这便是许多原始部族的计数方法。

我们的祖先,很久以前也是这样计数的。正是因为每个人有 10 个指头,所以世界各地的人们,差不多都不约而同地用了十进位的计数方法。在有些惯于赤脚的部族,也有把脚趾用上的,这就是二十进位的"赤脚算术"。

寒冷地方的原始部族只用手指,因为那里的天气太冷了,打赤脚是不行的。

这个办法真好

也许你认为原始部族在计数方面太不高明了，简直和一年级的小学生差不多。可是，他们计算数时所用的基本原则，是非常科学的！这个原则就是：要是在两个集合的元素之间，可以建立起一一对应关系，那么，这两个集合的元素便是一样多的！

一群驯鹿组成了集合 A，一些手指组成了集合 B，1 头驯鹿对 1 个手指，既不重复，又不遗漏，这就在 A、B 两个集合之间，建立了一一对应，我们就知道了：有多少手指，便有多少驯鹿！现在，这里是 7 个人的手指外加 4 个手指，驯鹿便是这么多——74 头。

一一对应，非常有用！而且，即使不知道一一对应这个词，人们也经常用到它。

学校包了一场电影。同学们纷纷挤在电影院里。带队的同学很着急，怕椅子不够坐。于是，他宣布不分年级和班组，一个挨一个坐下。结果，椅子正好够坐。

夏天,你吃过清凉的人丹。1包人丹是 50 粒,这 50 粒是怎样不多不少地装进去的呢? 原来女工手里拿 1 个带把的小竹板,竹板上刻有半球形的 50 个小窝窝。她把竹板在人丹堆里一抄,每个窝里有 1 粒人丹,于是:不多也不少,正好 50 粒。这正像人们常说的:一个萝卜一个坑。

到图书馆去借书,要先查阅图书卡片。书库里有一种书,卡片箱里就有一张卡片,卡片上写着书名、作者、页数……这也是一一对应。这种对应,方便了读者。

到了一个大城市,最好准备一张市区交通地图。市里的街道、电车路线、公共汽车路线,在图上一目了然,这也是一一对应。这种对应,方便了旅客。

用一一对应的思想和方法,还可以使不好计数的变得容易计数,不易掌握的变得容易掌握,不好理解的变得容易理解。

下面的这个智力游戏,就可以用一一对应的思想来解决:

国际象棋盘有 64 个方格,黑白相间,把左上角和右下角的方格各剪去一个,能不能把剩下的 62 个方格,剪成 31 个长为 2、宽为 1 的长方形呢?

你应当在 1 分钟之内回答:不行。因为剪去的 2 个方格颜色相同,剩下的方格,黑方格和白方格不能一一对应了,而每个 2×1 的矩形,必须是一黑一白!

思 考 题

教室里有 7 排椅子,每排有 7 个座位,49 位同学每人 1 个位子,能不能调换一下位置,使每人都坐到相邻的(前、后、左、右)位置上去?

巧排诗的窍门

白日依山尽,黄河入海流。

欲穷千里目,更上一层楼。

唐朝王之涣的这首诗,20个字便写出了黄昏日落时,祖国山河苍茫壮阔的景象。

一天,丁丁用20张小卡片,分别写了这20个字,叠成一叠拿在手上。最上面一张是"白"字。

他把"白"字放在桌上,然后一张一张地把最上面的卡片移到最下面。移掉6张之后,便出现了"日"字。

又这样移掉6张,"依"字出现了。以后,每从上移下6张,便出现了诗句中的下一个字。最后剩在手里的,是"楼"字。在旁观看的同学感到奇怪:他预先是按什么顺序把卡片排好的呢?

动手计算,要花不少时间。利用一一对应,却有一个简单的排法:

在纸上画一排 20 个方格,在最左边的方格里写上号码1,空 6 个格写 2,再空 6 格写 3:

1			2			3		

在 3 的右边,现在只有 5 个空格了。在左边的 1 后面留空格 1 个,然后写 4,每跳过 6 个空格,就顺序填一个号码,以后继续这样填下去,直到20:

1	10	4	14	13	15	12	2	7	9	5	18	16	11	3	19	20	8	6	17

最后,把诗中的 20 个字,按顺序编上号码,再按纸上排好的号码顺序叠成一叠,自上而下是:

白流山里千目穷日河海尽一更欲依层楼人黄上

这个有趣的游戏,还有种种不同的玩法。可以用不同的诗,或者要求把扑克牌这样一张张地按指定的顺序出现。而且,也不一定每隔 6 张抽 1 张。可以先隔 1 张抽 1 张,再隔 2 张抽 1 张,然后隔 3 张抽 1 张,就显得更有趣了。

这样把 20 个字的顺序重排一下,也就是把一个集合的 20 个元素,和自己一一对应了一下。这种集合到自身的一一对应,叫作"置换"。在数学中,置换是一种很有用的一一对应。

思 考 题

李华能熟练地把打乱了的魔方还原为 6 面单色。一天,小王拿了 1 个打乱了的魔方问李华:你能把你手中的魔方打乱得和我这个一模一样吗? 李华一下子被难住了。过了几分钟,他便想到了一个必然成功的方法。你知道他用的是什么方法吗?

重视先后顺序

巧排成诗的游戏，关键在于顺序。一首好诗，把字的顺序打乱，就不成为诗了。

事物的顺序，有时候是很重要的。打扑克牌，能不能得到胜利，要看出牌的顺序。下象棋，先走什么，后走什么，也很有讲究。

学化学，门捷列夫的元素周期表很重要。门捷列夫是怎样发现周期表的呢？他是把几十种元素，按原子量的大小，自小而大排成顺序，才发现了这个表的。

有时候，顺序本身并不重要。可是，为了方便，还是要排个先后。报纸上登载出席一些重要会议的人员名单，常常加上一句说明：以姓氏笔画为序。这就是说，顺序本身，不包含什么意义。但总得有个先后，不然怎么印报和读报呢？

英文字母是从 A、B、C 开始的。这是个习惯，没有多少道理——不规定个顺序，可怎么查字典呢？

在生活里,买东西、乘车,人多了要排队,是文明的表现。

在数学里,数有大小,运算要先乘除后加减……也常用到顺序。

集合里的元素,本来无所谓先后顺序。有时为了处理问题方便,需要分个谁先谁后,排成一定的顺序。这种规定了元素之间的先后顺序的集合,叫作"有序集"。

同一个集合,可以按照不同的标准,排成不同的有序集。

全班同学,在集合的时候,按个子高矮排成了一队,高个子在前面,这就成了一个有序集。可是在长跑的时候,跑得快的就到了前面,又形成了另一个有序集。

三次多项式的四项,按升幂排列成为一个有序集,按降幂排列成为另一个有序集。

在 2 个有序集之间建立一一对应,有时候顺序可能打乱了。要是顺序不打乱,前面的对应前面的,后面的对应后面的,这种不打乱顺序的一一对应,叫作"相似对应"。

我们用手指来数东西:1,2,3……通过这个数的过程,也就给一堆东西排了某种顺序。这个新排成的有序集,和一些自然数 1,2,3……也就建立了相似对应。

要是这堆东西本来已有顺序,而这个顺序和数的先后次序不一定一样时,这种对应,就不是相似对应了。

顺序,在几何里也很重要。在学相似形的时候,就要注意 2 个图形中的点的排列顺序。

请问什么是 1

1是什么,这还用问吗? 1,就是1把、1只……1把椅子、1只羊……那么,1到底是1把椅子,还是1只羊呢?

它既不是1把椅子,也不是1只羊;可它既可以代表1把椅子,也可以代表1只羊。

不是吗? 1+1=2这个等式,既可以用来说明1把椅子和另1把椅子放在一起,就是2把椅子;也可以表示1只羊和另1只羊放在一起,就是2只羊。

同样,可以问什么是3? 什么是4? 什么是自然数?

这个问题很重要。有了自然数,才有分数,才有有理数,才有实数,才有复数。我们学数学,是从1,2,3,4开始的。

几何也离不开数。线段的长度,三角形的面积,角的大小,相似形的相似比,都是数。而数,归根到底要从1,2,3,4说起。

还有比1,2,3,4更基本的吗? 回答是有。这就是集合!

我们可以利用一一对应，对集合进行分类。要是甲、乙两个集合可以一一对应，便归成一类。自然，同一类的集合，它们的元素是一样多的。

元素最少的那一类，只有 1 个集合——空集。我们说，空集的元素的个数是 0。

有一类集合，它的元素比空集的元素多，比别的类集合元素少。我们就说它是 1。1 就是最小的非空集的元素个数。

把这一类除去，最小的一类，它的元素个数就是 2。这样，自然数便可以依次产生了！

总之，把所有的有限集分成许多类，能够一一对应的才算是同类。把这些类，按元素的多少，由小到大排成顺序，每类给它一个符号，来表示它的元素的多少，这些符号，按我们的习惯写成 1, 2, 3……这便是自然数。

说集合论是现代各门数学的基础，这是一个重要的原因！

用尺子来运算

你的文具盒里，有没有带刻度的小直尺？直尺上每个刻痕旁有一个数：1，2，3……这也是一一对应，数和点的对应。

利用这个对应关系，用2把直尺，便能计算加法。

如图，把两把尺一正一反地对好，上面尺子的刻度5对准下面尺子的刻度4，上尺端的0便对准了下尺的刻度9，这说明4+5=9。

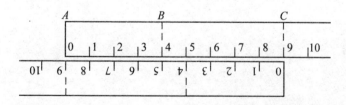

从图上还可以看到：1+8=9，2+7=9，3+6=9，等等。

道理很简单。看上尺，AB长为4格；看下尺，BC长为5格；上下一同看，$AC=AB+BC=9$。这不过是把数的相加，化成线段的相加罢了。

少儿科普名人名著书系

还可以换一个眼光看。从 A 开始，上尺是 0，下尺是 9，0+9=9；每向右移 1 格，上尺刻度加 1，下尺刻度减 1，一加一减，总和不变，仍然是 9。

尺子也能算正负数。不过，常用的尺子上没有负数的刻度。你可以用从牙膏纸盒上剪下的硬纸条做 2 根带正负数的尺子，这尺子就像书里讲的数轴了：

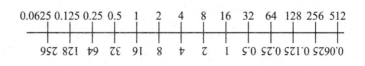

仍然用刚才的办法，就能算正负数的加法。如图，说明 $(-1)+(-2)=-3$，$7+(-10)=-3$，等等。

用尺子能算乘法吗？

也能。只要把尺子上的数改一下就可以了。这就是把 0 改成 1，1 改成 2，2 改成 4，3 改成 8，−1 改成 0.5，−2 改成 0.25……这一改，刚才的加法就变成了乘法：

如图，上尺的 128 对准下尺的 0.125，上尺的 1 正对着下尺的 16，

答案就是 $128 \times 0.125 = 16$。另外，$2 \times 8 = 16$，$4 \times 4 = 16$，$32 \times 0.5 = 16$，等等。

这个道理也很简单。1 和 16 相对，$1 \times 16 = 16$；向右移 1 格，1 加一倍变成 2，16 减一半变成 8，两者一乘，等于不加不减：

$$1 \times 16 = 1 \times 2 \times \frac{1}{2} \times 16 = 2 \times 8。$$

再向右移，每移 1 格，上尺的刻度数乘 2，下尺的刻度数除以 2，一乘一除抵消，乘积不变。

思 考 题

能用本节讲的方法计算减法、除法和比例吗？

老伯伯买东西

一位老伯伯带了 10 元钱买东西。他把这 10 元钱分成 10 份，分别包在 10 个小纸包里。

他要买的东西的价钱是多少呢？不知道。也许是 1 分钱，也许是几元几角几分。他得意的是：从 1 分到 10 元，不管是多少，他都能从这 10 包中挑出几包来付钱，不用找钱。

请你想想，这可能吗？要是可能，这 10 包钱各是多少，才能搭配出 1000 种钱数呢？

从简单的情况开始——这是解决数学问题常用的方法。

必须有这么 1 包，包 1 分钱。不然，买 1 分钱的东西怎么办呢？

为了能买 2 分钱的东西，有 2 种方法。一种方法是再包一个 1 分钱的包，另一种方法是再包一个 2 分钱的包。哪种方法好呢？当然是包一个 2 分钱的包好。因为这样可以买 2 分钱的东西，也可以和那个 1 分的包合起来，买 3 分钱的东西。

下一步，我们要考虑怎么能买到4分钱的东西。这可以有4种办法：

增加一个1分钱的小包，可买1分~4分钱的东西；

增加一个2分钱的小包，可买1分~5分钱的东西；

增加一个3分钱的小包，可买1分~6分钱的东西；

增加一个4分钱的小包，可买1分~7分钱的东西。

当然是第四个办法好。

下一步，为了买8分钱的东西，我们要增加一个什么样的包呢？想一下刚才的包法——1分、2分、4分，很自然会想到8分。

这样，我们发现规律了：一包比一包多1倍。

可是，从8分到10元，相差还很大，而我们已经包了4包，只剩6包了，行吗？为了放心，还是具体算一算好。

第五包，1角6分，5包可以买1分至3角1分的东西；

第六包，3角2分，可买1分至6角3分的东西；

第七包，6角4分，可买1分至1元2角7分的东西；

第八包，1元2角8分，可买1分至2元5角5分的东西；

第九包，2元5角6分，可买1分至5元1角1分的东西；

第十包，按规律，应当是5元1角2分。可是，老伯伯只有10元钱，前9包已包了5元1角1分，剩下的只有4元8角9分，这就是第十包。

你还不放心，可再算一遍，看看这样包，能不能搭配出从1分到10元的这1000种钱数。

要是老伯伯再多2角3分，一共是10元2角3分，这个题就更漂亮了：把10元2角3分钱分成10包，从中间取若干包，可以搭配出1分、2分，直到10元2角3分，共1023种不同的钱数。连0算在内，共1024种。

能不能更多呢

把这 10 个纸包看成一个集合,每个纸包便是这个集合的一个元素。从 10 个元素中任取几个元素,便可组成一个子集。

问题在于,这个有 10 个元素的集合,有多少子集呢? 要是它的子集不超过 1024 个,我们就不能指望它搭配出比 1024 种更多的钱数。

让我们从头算起:

空集,它的元素是 0 个,子集是 1 个,就是它自己——空集;

1 个元素的集合,有 2 个子集:空集和它自己;

2 个元素的集合,比方这 2 个元素是甲、乙,它有 4 个子集:空,甲、乙,甲、乙。

添一个元素丙,变成 3 个元素的集合时,原来的 4 个子集还是子集,这 4 个子集分别配上元素丙,于是又多了 4 个子集,一共 8 个。

哈,我们又找到规律了:每加 1 个元素,子集的个数便翻一番! 因为,原来有多少子集,配上这新来的元素,便又产生同样多的新的子集,可不是正好加一倍吗!

这样,3个元素的集有8个子集,4个元素的集有16个子集,5个元素的集有32个子集,n个元素的集有2^n个子集。子集比集合的元素多得多!

10个元素的集合,它的子集的个数恰好是$2^{10}=1024$,其中有一个空集。

所以,老伯伯把10元2角3分钱分成10包,用来搭配出1分到10元2角3分这1023种钱数,实在是太巧不过了。要是只有10元钱,便没有很好地利用这么多的子集。如果把10元2角5分钱分成10包,无论怎么包,也搭配不出1025种钱数来。

思 考 题

要是你有3元4角7分钱,请问分成几个钱包,能搭配出的钱数最多?

 少儿科普名人名著书系

有用的二进制

学习委员赵千，为了给大家办理下半年的报刊预订，画了一张表。

每位同学，每种报刊，也许不订，也许订一份。这个表填起来很方便。只要看清报刊的排列顺序，每人只要喊一声就行了。张明说，我要的是 110101，赵千就知道，他除了《少年文史报》和《中学生》，另外 4 种都要订。

这里的 0 是不可少的。比如王小玲只说个 1，谁知道她订哪 1 种呢？

6 种报刊组成 1 个集合，每人订阅的，是 1 个子集合。用 1 和 0 的不同排列顺序，来表示每一个子集合，是一个非常简便的方法。

份数／报刊 姓名	张 明	万有玉	李 铁	丁 丁	王小玲
《中国少年报》	1	0	1	1	0
《中学生学习报》	1	1	1	0	0
《少年文史报》	0	1	1	0	0
《我们爱科学》	1	0	1	0	1
《中 学 生》	0	1	1	0	0
《少年文艺》	1	0	1	1	0

老伯伯买东西,从 10 个钱包里取哪几个,也可以用这样的办法来表示。

从下表可看出,要买价格为 3.49 元的东西,只要拿 6 包,代号是 0101011101;买 1.12 元的东西,要拿 3 包,代号是 0001110000:

	5.12	2.56	1.28	0.64	0.32	0.16	0.08	0.04	0.02	0.01
3.49	0	1	0	1	0	1	1	1	0	1
0.63	0	0	0	0	1	1	1	1	1	1
10.11	1	1	1	1	1	1	0	0	1	1
1.12	0	0	0	1	1	1	0	0	0	0

要是不以元为基本单位,而以分为基本单位,也就可以说,349 的代号是 0101011101,112 的代号是 0001110000。

这里,1 的价值随位置的变化而变化。最右边的 1,就代表 1,第二个位置的 1 代表 2,第三个代表 4,第四个代表 8。越向左边,越了不起。

可是,0 到了代号最左边,反而没用了,干脆省掉。112 就用 1110000 表示,349 就用 101011101 表示。这样用 1 和 0 排起队来表示一个数的方法,叫作二进制计数法。

17—18 世纪的德国数学家莱布尼茨,是世界上第一个提出二进制计数法的人。用二进制计数,只用 0 和 1 两个符号,可算是最简单的计数法了。可是,大一点的数写起来太长,39 要记成 100111,就麻烦了。再加上大家用惯了十进制计数法,当然在日常计算中不愿用它。

说来有趣,莱布尼茨发明了二进制,还发明了计算机,可是他的计算机并没有用二进制,倒是现代的电子计算机,是用二进制来计算的。因为,通电和断电,正好可以用1和0来表示。研究逻辑也可以用二进制,逻辑里的是和非,恰好可以用1和0表示。还有不少数学理论和数学游戏,用二进制也很方便。二进制的用处确实不小呢!

我们用十进制,电子计算机用二进制。这就需要把十进制的数,翻译成二进制的数,才能送到机器里去计算。

怎样把一个十进制数写成二进制数呢?方法很简单:用2除,记下余数;再用2除它的商,又记下余数;直到商是0为止。把余数自下而上依次排列起来,这就是一个十进制数的二进制表示法。例如715:

```
2 | 715
  2 | 357    ……1
    2 | 178    ……1
      2 | 89     ……0
        2 | 44     ……1
          2 | 22     ……0
            2 | 11     ……0
              2 | 5      ……1
                2 | 2      ……1
                  2 | 1      ……0
                      0      ……1
```

所以,715的二进制表示法是1011001011。

至于怎么把二进制数改成十进制数,那就更简单了。只要记着:二进制数从右向左,依次乘以1,2,4,8,16……然后把所得的结果加起来就行了。

用假选手凑数

　　用淘汰的方法举办乒乓球比赛,要是参加的人不多,轮空的人次好算;要是参加的人很多,轮空的人次就不好算了。

　　碰见数学难题,从最简单的情况想起,往往能从中找到解题的思路和方法。现在的问题是问有多少人次轮空,那么,最简单的情况是没人轮空。什么情况才没人轮空呢? 这容易想清楚。当参加比赛的人数是 2,4,8,16,32,64……时,才不会有人轮空。也就是说:选手数是 2 的正整次幂时,无人轮空。

　　要是这次乒乓球比赛共有 49 人参加,49 人不是 2 的正整次幂,一定有人轮空。要是再补上 15 名,凑够 64 名,无人轮空,题就变得简单了。为了方便研究,我们不妨补上 15 名吧。这 15 名算是充数的,个个简直都不会打乒乓球,和那 49 名一打准输,所以可以叫作假选手,那 49 名是真选手。

　　在编排比赛程序时,每轮比赛中,尽可能安排真对真;实在没办法,真的剩一个单,这才安排真假对阵。结果,当然是真的必胜,如同轮空一样。

这样凑数之后,表面上是不会有人轮空了,实际上,和假选手对阵的真选手,和轮空毫无差别。

也就是说,假选手碰真的人数,和我们要算的真选手轮空的人次,是一样的! 在它们之间,有一个一一对应的关系。

而且,计算假选手碰真的人数,比计算真选手轮空的人次数要简单得多。这不只是因为假选手总要少一些,还因为真选手轮空要留下来,假选手碰真却要淘汰,计算时也方便一些。

拿刚才这 15 名假选手来说,碰真的人数是这样算的:

15 除以 2 得 7,余 1(1 人碰真);

7 除以 2 得 3,余 1(又 1 人碰真);

3 除以 2 得 1,余 1(又 1 人碰真);

1 除以 2 得 0,余 1(又 1 人碰真)。

于是马上知道,有 4 人碰真。也就是真正的比赛中,一定有 4 人轮空。

你注意了没有? 计算碰真人数的过程,和把 15 表示成二进制数的过程一模一样! 而碰真人数,也就是 15 的二进制计数法中的 1 的个数!

一个简洁有趣的答案出现了:用不小于选手人数的最小的 2 的方幂减去选手人数,差的二进制计数法中的 1 的个数,就是比赛中轮空的人次数!

例如:选手有 234 名,略比 234 大的 2 的幂是 256($=2^8$),256$-$234 $=$22,22 用二进制表示是 10110,所以有 3 人次轮空;选手有 83 名,128 $-$83$=$45,45 用二进制表示是 101101,所以有 4 人次轮空。

怎样拿十五点

小王和小丁在玩一种15点的游戏。

玩法很简单：把9张扑克牌——黑桃A、黑桃2……直到黑桃9，随便摆在桌子上，2个人轮流拿牌，1次1张；谁手中的3张牌，首先加起来是15点，谁就胜了。

小王先拿，拿了一张7；小丁后拿，拿了一张5。接着，小王拿了个2，要是再拿个6，就15点了。于是，小丁赶快把6拿到手。这样，小丁再拿个4便胜了。于是，小王只好抢先拿走4。

可是，小丁这时拿了A，手里有5,6,1三张牌，桌子上还有3,8,9三张牌。在这种情况下，小王要是拿9，小丁拿8，有8+6+1=15；小王要是拿8，小丁拿9，有9+5+1=15。所以，小丁一定可以胜利。

两人玩了多次，小王总是不能取胜，最多是和局，2人都拿不到15点。

最后，小王问小丁，你老赢不输的窍门在哪里？

小丁说：我先不告诉你。我们再来玩三子棋，你边玩边想。

三子棋的玩法也很简单。棋盘像一个"井"字，两人分别执黑白子轮流往这9个格子里下子，谁先把3个子摆在一条直线上（横、竖、斜都可以），便胜利了。

第一盘，小王执黑下到第6步，就发现无法挡住小丁的胜利。不过，小王很快就掌握了下三子棋的窍门，再也不败了。

小丁说：你会下三子棋，也就会玩15点，肯定不会再输了。

小王开始不明白，想了一会，恍然大悟：呵，原来15点和幻方有关系。

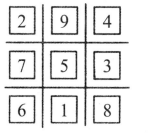 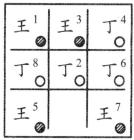

把9张牌，按横、竖、斜3张的和都是15，摆到井字形的9个方格里，拿15点的窍门就明显了。想叫3张牌相加得15点，相当于拿一条直线上的3张牌。从某个格里拿去1张牌，换上1个石子，拿15点游戏就变成了下三子棋。反过来，每下1个石子，就把石子那里的牌拿出来，三子棋又变成15点游戏了。这样，两种游戏就是一回事了。

尽管两种游戏的道理一样，可是下三子棋的窍门，要比拿15点容易掌握。小丁用下三子棋的窍门来玩15点的游戏，当然就老赢不输了。

这是一个例子，它告诉我们：利用一一对应，有时能把复杂的问题，变得简单一些！

思 考 题

请你研究一下这个游戏的取胜方法:剪 9 张纸片,在上面分别写上 65,77,85,133,210,286,561,646,741;然后,2 人轮流拿走 1 张纸片,谁先拿到有同一因子的 3 个数为胜(例如 77,210,133 都有因子7)。你能把它和三子棋联系起来吗?

少儿科普名人名著书系

数学一大法宝

一一对应,可以用来计数,可以用来比较两个集合里的元素的多少。一些东西不好计数,例如牛羊;另一些东西好计数,例如手指;可以把不好计数的牛羊和好计数的手指一一对应一下,就变得好计数了。

用贴标签、编号码等方法,还可以把混乱的集合和有秩序的集合

一一对应,使混乱的集合变得有秩序。成千上万的各种车辆,分类、编号、登记、挂牌,一有事情,按牌查对,很快就找到了车主。

集合甲:1,2,4,8,16,32,64,…

集合乙:0,1,2,3,4,5,6,…

把它们的元素按上面的顺序一一对应起来,能使乘法变加法。

比如在甲集合里,4,8,32 三个数之间有一种关系,叫作 $4 \times 8 = 32$。对应到乙集合里,4 对 2,8 对 3,32 对 5,而 2,3,5 三个数之间也有一种关系,就是 $2 + 3 = 5$。

这样一一对应,把甲集合的乘法关系,变成了乙集合的加法关系,也就化难为易了。

在 15 点游戏里有 9 个数,在三子棋游戏里有 9 个点(位置),把它们来个一一对应:3 个数和为 15,对应的 3 个点就在一条线上。3 个数和为 15 的变化很多,不是一眼就能看出来的:三点一线,却一目了然。这种一一对应,找到了两种关系在结构上的共同之点,就能化繁为简,化隐蔽为明了。

像这种能把甲集合里的一种关系,变成乙集合里的另一种关系的一一对应,叫作"同构"。同构是数学里的一个十分重要的概念,十分有用的方法。对数就是同构的一种应用。

一一对应,看来简单,用处很大,是数学中的一大法宝!

想一想再回答

正六边形是一种很重要的图形。它有点像一朵美丽的雪花，有不少有趣的几何性质。

在纸上画一个正六边形，又画一条直线 l，从正六边形的 6 个顶点向 l 引垂线，得到几个垂足？

当然是 6 个了，1 个顶点有 1 个垂足嘛。

不要忙，想一想再回答。一想，你明白了：也许是 3 个；也许是 4 个；当然，还可能是 6 个。

在下面右边那个图上，由点 A,B,C,D,E,F 组成的集合，和它们的垂足 M_1,M_2,M_3,M_4,M_5,M_6 组成的集合之间，是一一对应的关系。每个顶点只有 1 个垂足，每个垂足也只和 1 个顶点对应；6 个顶点，6 个垂足。

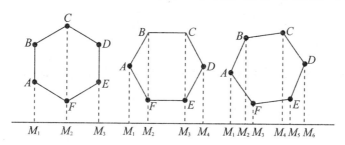

左边那个图就不同了。虽然每个顶点还是只有 1 个垂足，可反过来就不是这样了：每个垂足，和 2 个顶点对应。

中间的图，A 和 M_1 对应，B，F 都和 M_2 对应……每个顶点，仍然只有 1 个垂足；可有的垂足和 1 个顶点对应，有的垂足和 2 个顶点对应。

这个例子告诉我们：数学中的对应，并不都是一一对应的；同一个问题中，既会出现一一对应，也会出现其他的对应！

这 3 个图所表示的对应关系，虽然大不相同，可又有相同之点：每个顶点，都有 1 个而且只有 1 个垂足。

这类对应，叫作集合到集合的"映射"。

一般说：甲、乙两个集合，要是对甲集中的每一个元素，都指定了乙集中的一个元素和它对应，这种对应关系，便叫作映射。

比如这里有一堆苹果，又有一排筐子，给你一个任务：把所有的苹果都装到筐子里。当你装完时，你就建立了一个从苹果集合到筐子集合的映射。

因为，每个苹果确确实实都和 1 个筐子对应起来了。你能把 1 个苹果装到 2 个筐里去吗？当然不能。

要是每个筐子里都有苹果，这个映射叫作"满射"。

要是 1 个筐子至多装 1 个苹果，这个映射叫作"单射"。

要是个个筐子里都有苹果，而且都只有 1 个苹果，这种映射就叫作一一对应。

一一对应也是映射，是既"满"又"单"的映射，是特殊的映射。

可见，映射这个概念，比一一对应更广泛！

猴儿水中捞月

你知道猴子捞月的故事吗？猴子把月亮在水中的映像，当成真的月亮了。

不过，只要不把映像当成真的月亮去捞，从水中的映像，还是可以看出月亮究竟是个什么样子的。甚至在很多场合，看虚的映像，比直接看实物反而更有用，也更方便。

汽车驾驶室两旁，总有两个微凸的镜子。没有它们，驾驶员就无法看到车旁和车后的人和车了。

刮胡子的人看不见自己的下巴，只有把下巴映射到镜子里，才能看着下巴，来操控手中的刮胡刀。

在显微镜和望远镜里面，看到的都是景物的映像。这样看映像，看得更细、更远。

数学里的映射，也有类似的情况。

多边形的模样变化万千，它们哪个大，哪个小呢？这就要算一算它们的面积是多少了。什么是面积呢？面积是一个数。每个多边形都有一个确定的面积，也就是对应了一个数。这就是从多边形集合到数集合的一个映射。有了这个映射，就能比较多边形的大小。

同样，每个角都有一个度数，这也是映射。

每个二次方程有一个判别式，判别式是一个数。根据这个数是正、是负还是 0，可以判断对应的方程有不同的实根、复根还是重根。二次方程与判别式的对应关系，也是一种映射。

还有圆与圆心的对应，是圆集合到点集合的一个映射；圆与它的周长的对应，也是一种映射。

多项式和它的次数的对应，是多项式集合到自然数集合的一个映射。

平面上的点与它的坐标的对应，是点集合到数对集合的映射。这是个一一对应。

每个无理数都是无限不循环小数。我们取四位有效数字，得到了它的近似值；无理数和它的这个近似值之间的对应关系，是无理数集合到有理数集合的一个映射。

每个正整数都有一个尾巴。54 的尾巴是 4，129 的尾巴是 9，1983 的尾巴是 3。数和它的尾巴的对应，是从正整数集合到 1,2,3,4,5,6,7,8,9,0 的一个映射。利用这个映射，容易证明 $\sqrt{2}$ 是无理数：

因为，要是 $\sqrt{2}$ 不是无理数，就有既约分数 $\frac{m}{n}$，满足 $\sqrt{2}=\frac{m}{n}$，也就是 $2n^2=m^2$。你一算就知道，平方数的尾巴只能是 1,4,6,9,5,0；而平方数的 2 倍，它的尾巴只能是 2,8,0。等式两边的尾巴应当相同，这

说明 $2n^2$ 和 m^2 的尾巴都是 0。可是,这样的 n 和 m 就有了公因子 5,与假设不相符合了。所以,这样的 $\dfrac{m}{n}$ 是不存在的。这就证明了 $\sqrt{2}$ 是无理数。

在数学里,映射真是无处不在啊!

到处都有映射

小孩子在开始学说话的时候，往往都会有一个重大的发现：原来世界上万物都有名称。于是，他会产生一种强烈的愿望：要知道他所见到的一切东西的名称。因为不知道名称，就没法说话，就没法提出各种要求。

这是什么呀？——椅子。

这是什么呀？——汽车。

这是什么呀？——小猫。

知道了名称之后，他往往心满意足，好像知道了这个世

界的一切。

什么是名称呢？就是实物集合到声音符号集合的映射。

从小到大，我们会发现许多映射：

街道有名称，住户有门牌，商店有招牌，商品有商标……

人有姓名，大人有工作证，小孩有学生证，每个人都有生日……

不止在生活中，就是在学校学习各门功课时，我们也都在学习映射：

在历史课上，每个历史事件对应它发生的原因、年代……

在地理课上，每个省份有它的出产、人口数……

在化学课上，每种元素对应它的原子量……

我们在学校学的一切知识，无非是说明事物之间的相关联系；而这些联系，几乎都可以用映射来描述！

为什么算得出

知道了正方形的周长，就能算出它的面积。

为什么能算得出来呢？因为正方形周长和它的面积这两个数量之间有联系。

有联系，是不是就一定算得出来呢？

长方形的周长和它的面积之间有没有联系呢？总不能说没有。可是，单知道了长方形的周长，你算不出它的面积来。

可见，光有联系，不一定算得出来；要算出来，还必须有确定性的联系。通过正方形的周长可以确定它的面积——它们之间，就有确定性的联系。长方形的周长和面积之间虽然也有联系，可这种联系不是确定性的联系。

这种反映两种量的确定性联系的数学关系，叫作函数关系。

正方形的周长 l 给定了，它的面积 $S=\left(\dfrac{l}{4}\right)^2$ 就确定了。也就是说,S 是 l 的函数。

圆的面积 S 是它的半径 r 的函数。因为 $S=\pi r^2$,知道了 r 的值,S 就随之确定了。反过来,圆的半径 r 也是面积 S 的函数。

学三角,给了角度 A,$\sin A$ 便唯一确定了,所以 $\sin A$ 是 A 的函数。

x 的绝对值——$|x|$ 是什么呢?有些同学总说不明白。用函数概念,可以说清楚:$|x|$ 是 x 的一个函数,当 $x \geq 0$ 时,$|x|=x$;当 $x<0$ 时,$|x|=-x$。总之,给了 x,$|x|$ 便确定下来了。所以,我们说 $|x|$ 是 x 的函数。

总之,函数是指两个量之间的确定联系,其中的一个量决定另一个量。决定人家的量叫自变量;被人家决定的量叫因变量,也叫作函数。自变量在某个数集合里取值,因变量——函数也在对应的数集合里取值。

对了,函数也是映射,是数集合到数集合的映射;

函数概念,是映射概念的特殊情形;

映射概念,是函数概念的推广。

在历史上,很多数学家说不清什么是函数,总觉得函数都应该用公式表示,或者用曲线表示。后来,才取得了一致的意见:函数,就是数集合到数集合的映射! 这是德国数学家狄利克雷的功劳。

0 和 1 的宝塔

$$(x+y)^2 = x^2 + 2xy + y^2$$

$$(x+y)^3 = x^3 + 3x^2y + 3xy^2 + y^3$$

那么，$(x+y)^4$，$(x+y)^5$，$(x+y)^6$……展开之后，各项的系数又是什么呢？

很多书上介绍了这个二项式系数三角表：

$$(x+y)^0 = \qquad\qquad 1$$

$$(x+y)^1 = \qquad\qquad 1 \quad 1$$

$$(x+y)^2 = \qquad\quad 1 \quad 2 \quad 1$$

$$(x+y)^3 = \qquad 1 \quad 3 \quad 3 \quad 1$$

$$(x+y)^4 = \quad 1 \quad 4 \quad 6 \quad 4 \quad 1$$

$$(x+y)^5 = 1 \quad 5 \quad 10 \quad 10 \quad 5 \quad 1$$

……

这个三角形数表,是我国北宋数学家贾宪首先提出来的,所以人们称其为"贾宪三角"。西方称其为"帕斯卡三角";但实际上,欧洲人帕斯卡发现它要比贾宪晚600年。

这些数有个有趣的性质:它的第1,2,4,8,16……行上的各个数,全都是奇数;而别的各行,全都含有偶数。

这是碰巧呢,还是有规律?用一下映射的技巧,容易把它弄清楚。

先规定一下:偶数和0对应,奇数和1对应,这是一个映射。

再规定一下:偶数加偶数,得偶数,所以0+0=0;偶数加奇数,得奇数,所以0+1=1,1+0=1;奇数加奇数,得偶数,所以1+1=0。

把二项式系数表上的偶数换成0,奇数换成1,得到一个0和1组成的金字塔。按照刚才规定的加法,这个金字塔中从上到下的规律,和原来的三角形数表的规律是一致的:

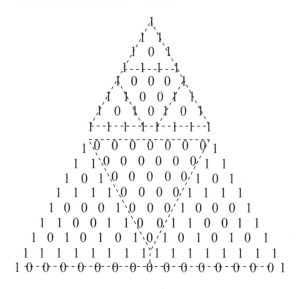

这样一映射,我们可以看出道理来了:从第 4 行全是 1,可知第 5 行中间全是 0;5,6,7 三行的中部,出现了一个由 0 组成的倒金字塔,也就是说,5,6,7 这三行中,不可能都是奇数;第 5 行两端的两个 1,按照前面 1~4 行的发展规律,到第 8 行就全部变成 1 了,这说明二项式金字塔的第 8 行,全是奇数。

同样的道理,第 16 行的二项式系数全是奇数;而 9~15 行里,每行都有偶数。

再往下去,第 32,64,128,256……这些行都是奇数,其他行里总有偶数。

要是不用映射,只看原来的那个三角形数表,这个规律就不那么醒目了。

映射产生分类

研究问题,处理事情,常常要分类。

成千上万的字,不按拼音、偏旁分类,查字典就不好办。电话号码本,不分门别类,打电话就不好查。

研究动植物要分类,医院看病要分科,百货公司的商品要分柜……映射,可以帮助我们分类。

按我国的民间习俗,每人对应一个属相,这样,按十二生肖就可以建立人到动物的一个映射。这个映射把人分成了 12 类。

在上一节里,我们把偶数和 0 对应,奇数和 1 对应。于是,对应于 0 的是一类,对应于 1 的是另一类。

每个数用 9 除,得一个余数,这个数到它的余数的对应,是一个映射。映射到同一个数的,也就是余数相同的,属于一类。这就把无穷无尽的自然数,分成了简简单单的 9 类。

二次方程对应它的判别式,而判别式又对应它的正负号。这 2 个映射,把方程分成了 3 类:判别式大于 0、小于 0 和等于 0。

圆到它的圆心的对应,把圆分成很多组,每组有共同的圆心。

分类,可以用集合的语言来表述:把一个集合 A 的元素分类,就是找出集合 A 中一些两两不相交的子集,这些子集的并集等于 A。要是把这里的每个子集当成一个元素,组成一个集合 B,这就自然地形成一个从 A 到 B 的映射:A 的每个元素,和它所在的子集对应。

这样看来,不仅映射产生分类,分类也可以产生映射!

一样不一样呢

爸爸在家里教小明学会了"小"字。到了街上，爸爸指着小吃店招牌上的'小'字问他："这是什么字？"小明说不认识。爸爸说："那不是刚学过的'小'字吗？"小明说："这个'小'字和我学的那个不一样，那个小，这个大得多！"

这个笑话之所以成为笑话，就是因为大家都知道：一个字写得大些、小些，都是同一个字。

国旗上的大五角星和小五角星，一不一样呢？

说一样，对。它们都有 5 个角，5 个角都是 36°。颜色也都是黄的。

说不一样，也对。一个大，一个小嘛。

在数学里，这个矛盾就能解决了：这两个五角星是相似的，但不是全等的！

在日常生活中，"一样"有时表示全等，有时表示相似，有时表示某些方面有共同点。

在数学里说全等，得满足三条：

一、$\triangle \mathrm{I} \cong \triangle \mathrm{I}$（自己和自己全等——反身性）

二、$\triangle \mathrm{I} \cong \triangle \mathrm{II}$，则$\triangle \mathrm{II} \cong \triangle \mathrm{I}$（对称性）

三、$\triangle \mathrm{I} \cong \triangle \mathrm{II}$，$\triangle \mathrm{II} \cong \triangle \mathrm{III}$，则$\triangle \mathrm{I} \cong \triangle \mathrm{III}$（传递性）

在数学里，说相似也得满足三条：

一、$\triangle \mathrm{I} \sim \triangle \mathrm{I}$

二、$\triangle \mathrm{I} \sim \triangle \mathrm{II}$，则$\triangle \mathrm{II} \sim \triangle \mathrm{I}$

三、$\triangle \mathrm{I} \sim \triangle \mathrm{II}$，$\triangle \mathrm{II} \sim \triangle \mathrm{III}$，则$\triangle \mathrm{I} \sim \triangle \mathrm{III}$

要是在某个集合里，规定了两个元素之间的某种关系满足这三条，便叫作"等价关系"。$=$、$\cong$ 和 $\sim$ 都是等价关系。

两个数用9除余数相同，叫作模9同余，这也是一个等价关系。

$>$、$<$ 和 $/\!/$ 都不是等价关系。在集合之间，$\in$ 和 $\subseteq$，也不是等价关系。

有一个等价关系，就可以分类，彼此等价的属于一类，这叫作划分等价类。

日常所说的"一样"，含义的变化虽然很多，可是不管用在什么地方，本质上都是等价：

第一，一个事物总应该和自己一样；

第二，甲和乙一样，那乙和甲一样；

第三，甲和乙一样，乙和丙一样，那甲和丙一样。

不满足这三条，"一样"这个词就用得不恰当。

回到开始的笑话上来。我们认为两个字是一样的，实际上是把字分了类：不论大小，不论是毛笔写的、钢笔写的还是铅字印的，不论书法优劣，只要是笔画结构相同，都归入一类。

同一类的，算是一样的！

应用抽屉原则

现在有 10 个苹果，9 只筐子。要把苹果装到筐子里，你就不可能使每个筐里只装 1 个苹果；至少有 1 个筐子，里面装了 2 个或者更多的苹果。

这也就是说：甲集合的元素比乙集合的元素多，那从甲集到乙集的映射，绝不可能是一对一的！在乙集中，一定有这样的元素，它同时被甲集中的 2 个或者更多的元素所对应。

还可以这样说：把许多东西分成许多类，要是类数比东西数少，一定会有一类里面不止一件东西。

人们把这个显而易见的事实叫作抽屉原则。它也叫作鸽笼原理、邮箱原理和重叠原则。

也许有人会说：这么简单的事谁不知道？叫作什么原则、原理的，好像很了不起的样子。

你千万不要小看了这个既平常又简单的道理。许多有趣的难题，都可以用抽屉原则来解决。

一个村庄有 400 人，他们中总会有 2 个以上的人在同一天过生日，这是什么道理呢？

道理就是抽屉原则。把一年 365 天，当成 365 个抽屉，把 400 人分放到 365 个抽屉里，总有些抽屉里超过 2 个人。

我国有 10 多亿人口，你能不能肯定：总能找出 1 万个人，他们的头发根数一样多？

道理仍然类似。人的头发不到 10 万根，把 10 多亿人按头发数分成不到 10 万组，总有一组，人数超过万人。不这样，加起来就不到 10 亿了。

也许你觉得上面 2 个题目太简单了，那么，请看下一个：

你能把 44 张纸牌分装在 10 个信封里，使每 2 个信封里装的牌不一样多吗？

答案是不行。你只要计算一下

$$0+1+2+3+4+5+6+7+8+9=?$$

便可以回答这个问题。

下面这个问题更难一点：

在边长为 1 的正三角形里有 5 个点，求证其中总有 2

个点,它们的距离不超过 $\frac{1}{2}$ 。

要解决这个问题:第一步,把正三角形分成 4 个一样的小正三角形;第二步,证明在正三角形内任取 2 点,它们的距离不会超过小正三角形的边长。

利用抽屉原则,这 5 个点必有 2 点在一个小正三角形内;而在一个小正三角形内的 2 点,它们的距离不会大于边长,也就是不大于原正三角形边长的 $\frac{1}{2}$ 。

思 考 题

1.求证:在圆内任取 7 个点,其中总有 2 点,它们的距离不超过圆的半径。把 7 改为 6 呢?

2.从 1,2,3,…,100 这 100 个数中,任取 51 个,其中必有一个是另一个的整数倍。为什么?

伽利略的难题

　　伽利略是 16—17 世纪的意大利物理学家。他对自由落体的研究，至今仍是物理教科书的重要内容。可是，很多人不知道，他曾经提出过一个非常有意义的数学问题。

　　这个问题就是：是自然数多呢，还是完全平方数多？

要知道，自然数

　　$1,2,3,4,5,\cdots$

是无穷无尽的；而它们的平方数

　　$1,4,9,16,25,\cdots$

也是无穷无尽的。这两串无穷无尽的数，能不能比较它们的多少呢？

　　这确实是一个大胆的问题。伽利略提出了这样一个别开生面的问题，并试图去解决它，真不愧是一个思想解放的伟大科学家。他那时是这样想的：

　　一方面，在前 10 个自然数中，只有 1、4、9 三个平方数；在前 100个自然数中，只有 10 个数是平方数；在前 1 万个自然数中，只有 100个数是平方数……可见，完全平方数只是自然数的很少的一部分。在前 100 万个自然数中只有 1000 个平方数，只占 0.1%，而且到后来还会更少。

　　可是，每个自然数平方一下，就得到一个平方数；而这每个平方数加上个开方号，就是全体自然数。难道

　　$1^2,2^2,3^2,4^2,5^2,\cdots$

会比

　　$1,2,3,4,5,\cdots$

少吗？一个对一个，一点也不少呀！

　　伽利略感到困惑了。他没有找到解决的办法，把这个问题留给了后人。

　　你看，伽利略的思考是很具体、很细微的。可惜，他在考虑这个

问题之前,没有确定标准:什么叫作一样多？什么叫作这一堆比另外一堆多？

连标准都没有,怎么能得出正确的解答呢？

康托尔的回答

伽利略提出的问题,并没有受到人们的重视。大家似乎认为:无穷多和无穷多的比较,是一个没有意义的问题。

200多年之后,德国数学家康托尔创立了集合论,并且重新研究了无穷集之间元素个数的比较问题。

康托尔吸取了伽利略在这个问题上的失败教训,一下子抓住了问题的关键:什么叫作2个集合的元素一样多?

回答只能有一个:能够一一对应就是一样多! 这个回答,其实连原始部族的人也知道。不过,他们是用一一对应的方法,来比较有穷集的大小;而康托尔要把这个标准,推广到无穷集之间的比较。

有人觉得,比较有穷集的大小有两个方法:一个方法是一一对应;另一个方法是数一数。其实,数一数,也是一一对应。

为什么呢? 你看小孩子怎样数苹果:当他喊着"1"的时候,用手指指住1个苹果;喊"2"的时候,又指1个。这不是把苹果和数一对一地对应起来了吗? 所以,判断2个有穷集的元素个数是否相等,只有一个方法：看它们能不能一一对应。

康托尔认为：看两个无穷集元素是不是一样多，标准也只能有一个，这就是看它们之间能不能建立一一对应。能建立一一对应，就应当承认它们是一样多的。

有了标准，事情就好办了。

每个自然数肩膀上添一个小小的"2"，就变成了平方数。自然数和平方数之间就有了明显的一一对应关系：

$$1,2,3,4,5,\cdots$$

$$1^2,2^2,3^2,4^2,5^2,\cdots$$

我们只好承认：自然数和完全平方数一样多！

伽利略也许想不到，他的问题的答案，竟是如此简单。

是呀，很多问题，当我们知道了答案时，它们似乎都变得简单了。

也许你对康托尔的答案不服气，因为完全平方数不过是全体自然数的一部分，而且是很小很小的一部分，难道整体可以和它的很小很小的一部分一样多吗？

就算你反对，康托尔也满不在乎。

他会心平气和地回答：无穷集可以和它的一些子集建立一一对应，这没有什么奇怪——这正是无穷和有穷不同的地方！你既然同意把一一对应作为一样多的标准，就不应当反悔呀；反悔也可以，只要你能提出比一一对应更合理、更有说服力的标准。

可是，谁也提不出更好的标准。

只要你想问两个无穷集的元素是不是一样多，就得引进这唯一的标准，就只好承认由此而来的、和我们的习惯不符的怪现象！

怪事还多着呢

自然数和完全平方数一样多，你觉得是件怪事。可是，怪事还多着呢。

根据能一一对应就算一样多的标准，许多出乎意料的怪事出现了。

照我们直观的想象，有理数要比自然数多。因为，在数轴上，有理数密密麻麻，到处都是；自然数稀稀拉拉，哪有有理数多呢！

事实上，可以把有理数排成一队：

首先是 0，然后是 ±1，再后面是 ±2，$\pm\dfrac{1}{2}$，然后是 ±3，$\pm\dfrac{1}{3}$，然后是 ±4，$\pm\dfrac{1}{4}$，$\pm\dfrac{3}{2}$，$\pm\dfrac{2}{3}$，然后是 ±5，$\pm\dfrac{1}{5}$，下面是 ±6，$\pm\dfrac{1}{6}$，$\pm\dfrac{2}{5}$，$\pm\dfrac{5}{2}$，$\pm\dfrac{4}{3}$，$\pm\dfrac{3}{4}$……

你看出这种排队方法的诀窍了吗？

要知道，有理数都可以写成既约分数，而分数有分子和分母。我们把分子分母相加，得到一个子母和；子母和小的，站队站在前面；子母和大的,站在后面。这样一个挨一个,我们便把全体有理数排成一队了。

排了队,报数! 1,2,3,4……顺次和自然数一对一地对应起来。这就证明了:有理数看似声势浩大,其实没有什么了不起,不过和自然数一样多罢了!

按照一一对应标准,三角形中位线上的点,和底边上的点一样多;

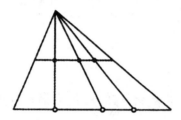

半圆周上的点,和直径上的点一样多;

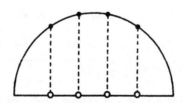

半圆周上的点,和无限长的整条直线上的点一样多!

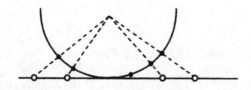

那么,1毫米线段上的点,岂不是和无限长的直线上的点一样多

了吗？是的，确实一样多！

还有更令人惊奇的呢。按照一一对应的标准，竟能得出这样的结论：随便多么短的线段上的点，竟和整个平面上的点一样多，和整个空间里的点一样多！

因为这些不符合直观印象和习惯的怪结论，康托尔的集合论受到了许多人的攻击，连他的老师克罗内克都激烈地反对他。可是，康托尔并没有屈服，他在激烈的论战中捍卫自己的正确观点，直到因过度劳累患上精神病，逝世于精神病院中。

随着时间的飞逝和科学的发展，康托尔创立的理论，越来越受到人们的重视。现在，集合论已成为现代数学大厦的基础！

无穷集的大小

刚才,我们知道了:密密麻麻的有理数,和稀稀拉拉的自然数一样多;小小一条线段上的点,和无边无际的宇宙空间里的点一样多。

是不是所有的无穷集里的元素都一样多呢?要是统统一样多,无穷集的比较也就没有意义了。反正都一样,还比什么呢?

有趣的是,偏偏不是这样。例如一条线段上的点,就比全体自然数多。也就是说,谁也不能把一条线段上的点,一个一个地排成队,使它们和自然数一一对应起来!

要是有一个人宣称,他已经把一条线段上的点排成了队:

$a_1, a_2, a_3, \cdots$

我们马上就能指出他的错误。

假定这条线段长为l,我们可以把a_1, a_2, a_3……一个一个地从这条线段上挖掉。要是所有的点都排在这个队伍里了,那么,我们就能把这条线段挖得什么也不剩!

第一步，挖掉一段长为 $\frac{l}{4}$，包含了 a_1 的线段；第二步，挖掉长为 $\frac{l}{8}$，包含了 a_2 的线段；然后是包含 a_3 的、长为 $\frac{l}{16}$ 的一段；下面轮到 a_4，只挖掉包含它的、长为 $\frac{l}{32}$ 的一段。

因为不论 n 多么大，

$$\frac{l}{4}+\frac{l}{8}+\frac{l}{16}+\frac{l}{32}+\cdots+\frac{l}{2^n}<\frac{l}{2},$$

所以，即使把 a_1,a_2,a_3……这无尽的一排都挖完，挖掉的长度还是不会超过 $\frac{l}{2}$，剩下的点还多着呢！

可见，a_1,a_2,a_3……这一列数中没有包含线段上所有的点。

我们就这样否定了把线段上的点，和自然数一一对应的可能。它们不是一样多的！

很明显，线段上的点不会比自然数少。因为我们可以很容易从中取出一些来和自然数对应。结论：线段上的点比自然数多！

有没有一个无穷集，它的元素最多，比任何集的元素都多呢？

答案是没有。任何集合 A，它的所有子集的数目，总比 A 的元素要多。这是康托尔的一条有名的定理。

无穷多的等级是无穷的。没有最大的自然数，也没有最大的无穷！

研究无穷的比较和运算的数学，叫作超限数论。最小的无穷集就是自然数集。

平凡中的宝藏

集合的思想，原来是极其平凡而又非常简单的东西。这里面，没有复杂的公式、美妙的曲线、难解的方程、新奇的图案。它平凡得使人注意不到它；而一旦注意到了它，从中发掘，便能发现无尽的宝藏！

盖高楼大厦，用得最多的，是普通的砖、石、钢筋和水泥。

简单的东西是原料，而原料是可以做成各种各样的成品的，所以用途最广。做成了成品，用处固定下来，能用的地方就不多了。在数学里，集合的思想，一一对应的思想，以及其他基本的概念和公式是原料，所以用处最大！

在现在的世界上，人们发愁的不是缺少高精尖的仪器和设备，而是能源和原料的不足。

在学习中，特别是学习数学的时候，有些同学往往只重视解难题、学技巧、找绝招，而忽视了基本概念、基础知识的理解和运用。这样陷入题海，即使一时分数上去了，好像是解题的本领提高了，结果却是沙上建塔,不可能很高。

　　读了这本书,要是你从此更加喜爱集合,并且重视琢磨和掌握数学中的基本概念和基础知识,那将是一大收获!

历史令人神往

在这最后一节里，讲个惊人的故事给你听。这就是罗素悖论，它向集合论提出了挑战，并引发了一次严重的数学危机。

在一个村庄里，住着一位理发师。他有一个约定：给村里所有自己不刮脸的人刮脸，可是不给那些自己刮脸的人刮脸。

试问：他应不应当给自己刮脸呢？

要是说，他不给自己刮脸，他就是一个自己不刮脸的人，

按约定,他就应当给自己刮脸。

反过来,要是他给自己刮脸,他就是一个自己刮脸的人,按约定,他就不应当给自己刮脸。

总之,他陷入了两难的境地:给自己刮脸不对,不给自己刮脸也不对!

像这样正着不对,反过来也不对的话,叫作悖论。悖论和"白马非马"那样的诡论不一样。在诡论里,包含了逻辑上的错误;在悖论里,我们却找不出什么地方错了!

这个著名的理发师的悖论,是英国哲学家、数学家罗素提出来的。

这个悖论很有趣。可是,它和集合论又有什么关系呢?

人们常说,数学是科学的基础,而集合论又是公认的现代数学的基础。大家都希望这个基础坚实可靠,千万不要出什么问题才好。

可是,就在集合论的创始人康托尔还健在的时候,人们就发现这个基础有令人担心的裂缝。这裂缝就是罗素悖论。

19世纪末,集合论已取得了相当大的成就,形成了一个独立的数学分支。这时,德国逻辑学家弗雷格,完成了他的重要著作《算术基础》第二卷。在这本书里,他以集合论为整个数学的基础,搞了一套自以为很严密的理论体系。在这本书1902年付印之时,他收到了罗素的一封来信。罗素用一个悖论指出:看似结构严密的集合论,却包含着矛盾!

当时,普遍认为,满足一定条件的一切东西 x,可以组成一个集合。至于是什么条件,倒没有加以限制。这也就是允许用集合的记号:

$$A = \{x \mid x \text{ 满足} \cdots\cdots \}$$

来定义一个集合。这种定义的合理性，大家都承认了，称之为"概括公理"。

既然有概括公理，罗素就利用这个公理，引进了一个奇怪的集合，结果总是矛盾。理发师的悖论，就是这个集合的通俗化翻版。

弗雷格收到罗素的信之后说："最使一个科学家伤心的，是在他的工作即将完成之际，却发现基础崩溃了。"可见这封信对他的打击有多大！

罗素的信一发表，就引起了当时数学界和哲学界的震动。这是因为，罗素悖论来自作为数学基础的集合论内部，推理简单明了，毫不含糊，用的正是数学家常用的推理方法。大家一时找不出问题所在，于是疑云四起，不仅怀疑集合论，甚至对数学整体提出了怀疑！

为了清除这个悖论，罗素写了厚厚的一部书。可是，他的理论太复杂了，大部分数学家都不欢迎。

数学家策梅罗，提出了限制集合定义的办法，来消除这个悖论。他主张，并不是随便什么条件都可以定义集合，而只允许从一个集合里分出一个子集合。他的理论比较简单，得到大多数数学家的赞同。

另外，数学家希尔伯特等人也提出了一个公理系统，它也可以消除罗素悖论。

总之，罗素悖论刺激了集合论和数学整体的发展。经过一番大争论，很多问题弄得更清楚了，很多新的理论建立起来了！

经过大家的努力，罗素悖论被消除了。可是，将来会不会出现新的悖论呢？能不能一劳永逸地消除一切悖论，证明数学的理论基础是和谐完美、永不自相矛盾的呢？

看来很难。数学家哥德尔证明了：想证明一个理论系统无矛盾，必须假定一个更大的理论系统无矛盾。所以，数学的无矛盾性无法在数学内部证明。数学的力量，只能在它广泛有效的应用中表现出来！

实践是检验真理的唯一标准。这对数学也不例外！

除了罗素悖论之外，数学史上还有过好多著名的悖论。

在古希腊，人们发现：边长为 1 的正方形，它对角线的长 $\sqrt{2}$，不能用分数表示，当时就被认为是悖论，叫作毕达哥拉斯悖论。那时候，人们只有有理数的知识，于是就把 $\sqrt{2}$ 的发现，看成一次数学危机。引进了无理数之后，这个悖论就被消除了。

类似地，在历史上还有过"勇士追不上乌龟"的芝诺悖论，"无穷小的数是不是 0"的贝克莱悖论。特别是贝克莱的悖论，对数学界影响很大，被称为第二次数学危机。随着微积分的发展，人们掌握了极限理论，这些悖论也被消除了。

罗素悖论比数学史上的每一个悖论都更深刻。因为它涉及数学的基础，引起了数学界长时期的大争论，被称为第三次数学危机。

第一次危机，促进了无理数的诞生。第二次危机，加速了微积分的成熟。作为第三次危机的结果，一门新的数学分支——公理化集合论建立起来了。

这三次危机，一次比一次深刻，一次比一次引起了更大的震动。可是，每经过一次危机，数学的成就更加辉煌，数学花园里就增加了更多的奇花异草！

数学，这门古老的科学，至今仍是生机勃勃，正在飞快地向前发展。

集合论，作为数学的基础，它和逻辑学、语言学、哲学相互联系，并肩前进。它的领域正在不断扩大，许多新问题，有待新一代的人们去解决！

思 考 题

罗素悖论在数学上是怎么回事呢？

某些集合看起来也可以是自己的元素。比方说：一切不是皮球的东西构成的集合，这个集合自己也不是皮球，所以它应该是自己的元素。罗素定义了一个这样的集合：所有自己不是自己的元素的集合组成的集合。这个集合是不是自己的元素呢？无论怎么回答，都有矛盾：

要是它是自己的元素，它应当是"自己不是自己的元素的集合"；

要是它不是自己的元素，它应当不是"自己不是自己的元素的集合"，也就是应当是自己的元素！

少年数学迷

方格纸上的数学

这是一张普普通通的方格纸。你可以在文具店里买到它。要是你有耐心，也可以用削尖了的细铅笔仔仔细细地画一张。

利用方格纸，你能学到许多新鲜有趣的数学知识。

和方格纸交上朋友，你会更喜欢数学。

方格纸上的加法

你从一年级就开始学加法。方格纸上的数学，也从加法说起吧。

方格纸的边上标着数字：角上是 0，然后是 5，10，15，20……一行数字沿着水平方向增加，另一行沿着垂直方向增加。

举个例子：你想算 7+15，怎么办呢？如图 1，在上边找到 15，左边找到 7。在 15 那个点有一条竖线，在 7 那个点有一条横线。横竖一相交，在上面用笔画一个点。从这个点沿着小方格的对角线向右上方跑，跑到边上一看，这里是22（向左下方跑，跑到边上，还是22），这告诉你：

$$7 + 15 = 22$$

因为点跑的是直线，你只要用直尺在所画的点上沿对角线比一比，就可以找到边上的数目"22"了。

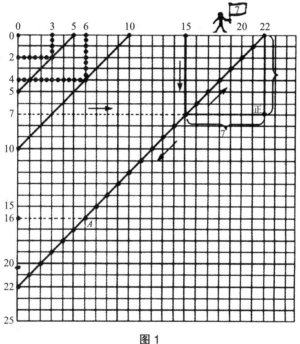

图1

如果细心，你常常能从很平常的现象中发现过去自己不知道的道理。为什么方格纸上能做加法呢？请你仔细看看图1。

图1里有个写着"正"字的正方形。它的边长是7格。所以，上边那一段站了一个小人的黑线也是7格。15格加7格，当然是22格！

为什么一定是正方形呢？请你把注意力集中到那个竖"15"与横"7"相交处的大黑点上！它每向右上方跳一步，它的位置就上移一格，右移一格。横着竖着跑得一样远，所以撑出了一个正方形。

沿着图1里那条长长的斜线，有一串黑点。随便举一个点，比如说A点吧。朝上一直看，看见了"6"；朝左横看，是"16"；把看到的两个数一加，又是22。你可再试几个点，都是如此。所以，我们给这条斜线起了个名字，叫作"和为22的加法线"，也叫"22号加法线"。

你还可以很容易地画出其他的加法线。例如把上边的"5"与左边的"5"这两个点用直线连起来，便是"和为5的加法线"；两个"10"连起来，便是"和为10的加法线"（在这条线上任取一点，向上看见一个数，向左也看见一个数，两个数相加准是10）。

方格纸上的减法

用加法线也能算减法。例如要算22-7，先把和为22的加法线画出来，再在左边找到"7"这个点，从"7"向右一直跑，碰到"和为22的加法线"之后，拐个弯儿一直向上跑，跑到边上正好是15，所以22-7＝15。

加法和减法，一个是另一个的逆运算。加法倒过来，就是减法。所以，你也能在方格纸上做减法。

现在，再介绍用另一个方式在方格纸上做减法。看着图2，要是你想算15-7，就先在上边找到"15"的位置，在左边找到"7"的位置，从上边的"15"向下画竖线,从左边的7向右画横线(其实不用真的动手画,因为方格纸上本来有线),横竖碰头,交于一点。从这个点沿着小方格的对角线向左上方跑。跑到边上,正好是8。不错,15-7=8。

道理呢? 仔细看图2。当黑点向左上方跑时,每上升一格,同时左移一格;上升7格到顶,这时恰巧从"15"那里左移了7格,所以是15-7。

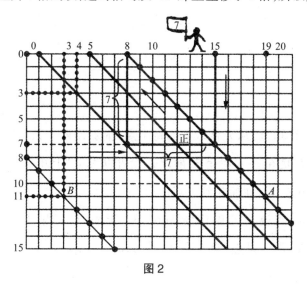

图2

图2上的一串黑点形成了一条直线。在直线上随便取一点,比如A点。从A点一直向上看,看见"19";向左看,看见11;19-11,又是8。再换一个点,还是如此。我们就给这条线起个名字,叫作"差为8的减法线",或者"8号减法线"。方格纸上还有另一条8号减法线,即B点所在的斜线。这条线上的点,左边比上边大8。

你很容易在方格纸上画出别的减法线。例如在上边"1"处开始,沿着小方格的对角线向右下方跑,跑出一条"1号减法线"。这条线上随便取个点,往上看见一个数"甲",往左看见一个数"乙",甲-乙=1。

在上边"5"处开始,沿着小方格的对角线向右下方跑,也能跑出一条"5 号减法线"。

利用"减法线"也能做加法。比如要做 8+7 吧,从左边的"7"向右画一条横线,它和 8 号减法线相交于一点,从这点向上看,看到上边的 15,表明 8+7=15。

和 差 问 题

你已经知道,从方格纸上的每个点,能看出两个数。图 3 上的 A 点,往上看是 6,往左看是 3,所以 A 点可以表示"上 6 左 3";反过来,一说"上 6 左 3",就能找到 A 点。

简单一点说,A 点的代号是(6,3)。于是,左上角的点代号是(0,0)。上边的那一排点,自左而右,是(1,0),(2,0)……左边那一排点,自上而下,是(0,1),(0,2)……

你已经知道了方格纸上有"加法线"和"减法线"。例如,9 号加法线和 5 号减法线交于一点 B,点 B 的代号是(7,2)。点 B 在 9 号加法线上(7+2=9),又在 5 号减法线上(7-2=5)。

利用"加法线"和"减法线"的交点,可以用方格纸解决"和差问题"。

例1 小明和小红共有 19 本连环画,小明比小红多 3 本。小明有几本?小红有几本?

解:如图3,画出 19 号加法线,3 号减法线。两线交于一点 P,P 的代号是(11,8)。答案就出来了:小明有 11 本,小红有 8 本。

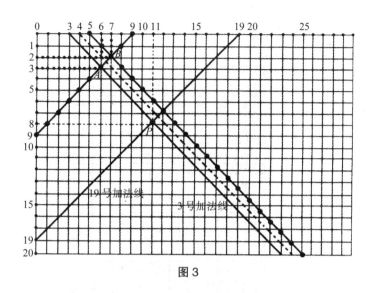

图3

如果把例题里"多3本"改成"多4本",行不行呢?画出4号减法线,它和19号加法线的交点不在方格纸的"格点"上! 这表明此题无解,题出错了。

方格纸上的乘法

现在,我们看一看方格纸上的乘法是怎样做的。

例如,用3乘一些数:1×3=3,2×3=6,3×3=9,3×4=12,3×5=15……把每个等式左右两头的数凑在一起,得到一串点的代号:(1,3),(2,6),(3,9),(4,12)……将这些点画在方格纸上,真巧,它们全在一条直线上(图4)!

因为是乘以3,所以把这条直线叫作3号乘法线。图4还画出了

1号、2号、4号、5号、6号、10号这些乘法线。

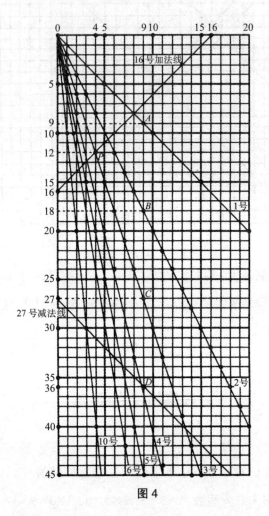

图4

例如，在上边找到"9"，从"9"这里向下画直线。直线和1号乘法线交于A，从A向左看是9，表明$9 \times 1 = 9$；和2号乘法线交于B，从B向左看是18，表明$9 \times 2 = 18$；和3号乘法线交于C，从C向左看是27；和4号乘法线交于D，从D向左看是36。它们分别表明$9 \times 2 =$

$18, 9 \times 3 = 27, 9 \times 4 = 36,$ 等等。

方格纸上的除法

利用乘法线也能做除法。比如,算

$36 \div 4 = ?$

只要在左边找到"36",从36向右画直线,与4号乘法线交于点D;从点D向上看到9,即$36 \div 4 = 9$。

和倍问题与差倍问题

利用乘法线与加法线配合,可以算"和倍问题";利用乘法线与减法线配合,可以算"差倍问题"。下面各举一例:

例2 美术社团共有16位同学,其中男同学人数是女同学人数的3倍,问男女同学各几人?

解:图4中画出16号加法线,它和3号乘法线交于一点P。从点P往上看是4,往左看是12,所以男同学12人,女同学4人。

例3 已知小华的妈妈比小华大27岁,并且今年妈妈的年龄正好是小华的4倍,问小华和他的妈妈今年各多少岁?

解:图4画出了27号减法线,它和4号乘法线交于一点D;从点D往上看是9,往左看是36。所以小华今年9岁,妈妈36岁。

方格纸上算比例

图 5 的方格纸上,有两条从左上角向右下方伸展的直线。

靠上的那一条,上面标有 A,B,C,D 4 个点。

在 A 处,往上看是 9,往左看是 6。上 9 左 6,9:6 =3:2。

在 B 处,上 12 左 8,12:8=3:2。

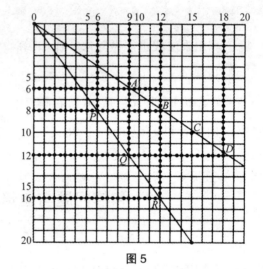

图 5

在 C 处,15:10=3:2。

在 D 处,18:12=3:2。

在这条直线上,不管哪个点,上边的数与左边的数之比都一样,都是 3:2。所以,我们把这条直线叫作"3:2 的比例线",或简单一点叫作"3:2 线"。

当然,"3:2 线""6:4 线""18:12 线",都是同一条线。

图 5 还画了另一条线,是"3:4 线"。上面的点 P 是上 6 左 8,Q 是上 9 左 12,R 是上 12 左 16。不是吗? 6:8,9:12,12:16,都等于 3:4。

上面我们说过乘法线,乘法线也是比例线。3 号乘法线就是"1:3

线"。当然,"3∶1线"也可以当乘法线来用。

我们用方格纸来算几个比例应用题。

例 4 一辆汽车半小时(30 分钟)行 25 千米。20 千米的路程要花多少时间?

解:如图 6,先画出 30∶25 的比例线。再在左边找到"20",从"20"向右画横线,和 30∶25 比例线交于 A 点。从 A 向上看,是 24,所以答案是 24 分钟。

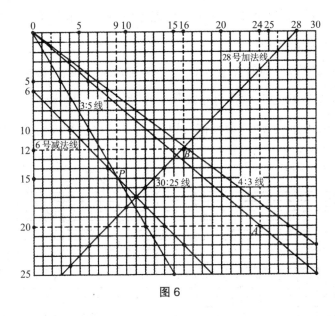

图 6

例 5 一辆汽车运原料,上午运 4 次,下午运 3 次,上下午共运 28吨。问上下午各运多少吨?

解:上下午运量的比是 4∶3,运量之和是 28 吨。在图 6 中画出28 号加法线和 4∶3 比例线,两线交于 B。从 B 往上看是 16,往左看是 12,所以上午运 16 吨,下午运 12 吨。

例6 已知饲养小组喂的白兔比黑兔多6只,黑兔与白兔数目之比是3∶5,问黑兔白兔各有几只?

解:图6画出了一条3∶5的比例线,又从左边画了一条6号减法线,两线交于点P。从点P向上看是9,向左看是15。所以黑兔有9只,白兔15只。

在方格纸上解行程问题特别有趣。

用上边的数字表示路程,左边的数字表示时间。如果行走的速度是均匀的,时间和走过的路程成正比例,那么,我们就可以用比例线表示行程的规律。

例如甲每分钟前进100米,乙每分钟前进200米。如果方格纸上边每格表示100米,左边每格表示1分钟。甲的行程规律可以用1∶1的比例线表示,乙的行程规律可以用2∶1的比例线表示(图7)。

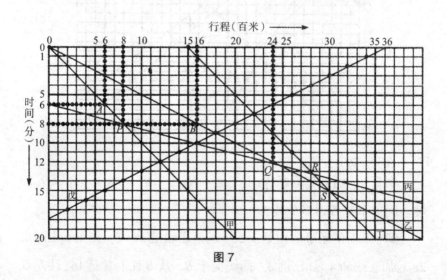

图7

在甲的行程规律线上取一点A,从点A向左看是6,向上看也是

6。这表示：甲出发 6 分钟后，离出发点 600 米。在乙的行程规律线上取一点 B，从点 B 向上看是 16，向左看是 8。这表示：乙出发 8 分钟后，离出发点 1600 米了。

如果丙每分钟前进 400 米，在甲、乙出发后 6 分钟才出发，丙的行程规律线什么样呢？

因为 6 分钟时丙的行程还是 0，所以行程线应当从左边"6"处开始。又因为每分钟走 400 米，所以这条线倾斜的程度和 4∶1 的比例线是一样的。

丙的行程线和甲的行程线交于一点 P，从点 P 向左看是 8，向上看也是 8。这表明：在甲出发 8 分钟后（丙出发 2 分钟后），丙在距出发点 800 米处追上了甲。

丙的行程线又和乙的行程线交于点 Q。点 Q 的位置是"上 24 左 12"。这就告诉我们，在乙出发 12 分钟后（丙出发 6 分钟后），在离出发点 2400 米远的地方，丙又追上了乙。

如果又有一位丁，他一开始就在甲、乙出发点的前面 1500 米处动身，以每分钟 100 米的速度前进，他的行程线又如何画呢？

这条线应当从上边"15"处开始，按 1∶1 比例线的倾斜度向右下方延伸。从图上，你能看出，丙和乙在什么时间、什么地方遇上了丁吗？

如果又有一位戊，他在距甲、乙出发点 3600 米处，和甲、乙同时出发，以每分钟 200 米的速度向出发点赶来，他的行程线又如何画呢？

图 7 已经画出了戊的行程线。请你想一想，为什么要这样画？

从图上，你能看出戊和甲、乙、丙、丁在什么时间、什么地点碰面吗？

方格纸上的速算

同学们，你一定知道怎样简便地算出 1～10 的连加数：

1＋2＋3＋4＋5＋6＋7＋8＋9＋10＝55

办法是：1＋9，2＋8，3＋7，4＋6，这样有了 4 个 10，另外还有 10 和 5，加起来总和是 55。

这里，告诉你另一个计算思路：

请看图 8，在粗黑线右下方，最下一层是 10 个方格，然后是 9 个、8 个……最上面是 1 个。粗黑线左上方，也是这么多的方格。两部分凑在一起是个 10×11 的长方形，共 110 个方格。如果取一半，即为 55 个。

再看图 9，一个方格在外面又凑上 3 格，即是边长为 2 的正方形；再凑上 5 格，即是边长为 3 的正方形；再凑上 7 格，即是边长为 4 的正方形……

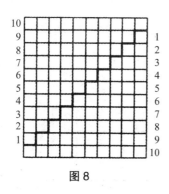

图8

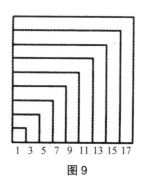

图9

这样,就又有一条速算规律:

$1+3=2\times2$

$1+3+5=3\times3$

$1+3+5+7=4\times4$

$1+3+5+7+9=5\times5$

$1+3+5+7+9+11=6\times6$

……

再看图10,它又告诉我们另一个规律,你能把它写出来吗?

如果要计算个位是5的两位数自乘等于多少,也可以速算。例如,$35\times35=1225$,答案可以应声而出。方法是:把3与$(3+1)$相乘得12,后面再写上25就可以了。类似地,$25\times25=625$,这个6是由$2\times(2+1)$而得;$45\times45=2025$,这个20是由$4\times(4+1)$而得。这里面的道理,也可以在方格纸上表现出来。

比如,在图11中,一格长度代表5,于是一个小方格代表$5\times5=25$,4个小方格是100。要问45×45等于多少,只要看看边长为45(即

9格)的正方形里有多少个小方格。我们把图中带"×"号的一条切下填到阴影处,凑出一个 $50 \times 40 = 2000$ 的矩形,剩下那个黑色的方格是25。于是, $45 \times 45 = 2000 + 25 = 2025$。

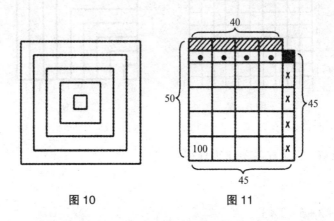

图 10　　　　　　　图 11

图11给我们一个启发:要把带"×"的一条和带"·"的一条凑成宽为10的长方形,并不一定非要两小条宽度都是5,一个是3,另一个是7也行。这么一来,又有了一种速算法。

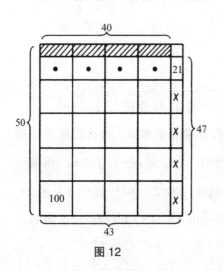

图 12

两个两位数相乘,如果这两个数的十位数相同,并且个位数之和是10,可用下列方法速算:把十位数加1,与十位数相乘,写在前面;两个个位相乘,写在后面。例如, $23 \times 27 = 621$,这个6是由 $2 \times (2+1)$ 而得,而 $3 \times 7 = 21$ 写在后面。又如 $44 \times 46 = 2024$,这个20

是由 $4 \times (4+1)$ 而得,而 $4 \times 6 = 24$。$72 \times 78 = 5616$,前面的 $56 = 7 \times (7+1)$,后面的 $16 = 2 \times 8$。

理由呢? 比如计算 43×47,我们在图 12 中,用方格的数目作为实际计算的对象。

一个 43×47 的长方形,把右边带 "×" 的一条(宽度为 3)切下填到上边阴影部分,凑成一个 40×50 的长方形。此时,还剩右上角 3×7 大小的一块。于是,$43 \times 47 = 40 \times 50 + 3 \times 7 = 2000 + 21 = 2021$。

方格纸上还能说明求余数速算的道理。比如,232 除以 9,余数是 $2 + 3 + 2 = 7$。图 13 就把运算结果的原因说清楚了。(图中带 "×" 的方格表示除以 9 剩余的方格。)

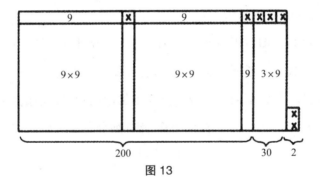

图 13

"错"也有用

加法比乘法容易做。

分数相乘,却比相加简单。分子乘分子,分母乘分母,多么干脆!分数相加呢,还要通分。这一通分,就要做 3 次乘法。

小时候,我曾把乘法的规则当成了加法的规则,用颠倒了。在两个分数相加时,来一个分子加分子,分母加分母:

$$\frac{2}{3} + \frac{1}{2} = \frac{2+1}{3+2} = \frac{3}{5}$$

结果当然是作业本上添了一个红色的"×"。从此,我对分数相加要通分印象更深了。

但是,这种错误的算法得到的结果和正确的结果相比,有没有什么明显的不同呢?

仔细看看,会有很明显的不同:

按照正确的算法,正数相加,应当越加越大。$\frac{2}{3} + \frac{1}{2}$ 的答案,要比

$\frac{1}{2}$ 和 $\frac{2}{3}$ 都大才对。可是 $\frac{3}{5}$ 在 $\frac{1}{2}$ 和 $\frac{2}{3}$ 之间，它比 $\frac{1}{2}$ 大，比 $\frac{2}{3}$ 小。早想到这一点，就会马上发现错误，不吃红"×"了。

把两个分数凑在一起，作为加法，当然是错误的。但用到有些别的问题上，倒也有用。例如：

自行车旅行小组昨天 7 小时行 100 千米，今天 6 小时行 80 千米，两天的平均速度是多少？

如果列出的算式是：

$$\frac{1}{2} + \left(\frac{100}{7} + \frac{80}{6} \right)$$

那就错了！正确的做法是：

$$平均速度 = \frac{100 + 80}{7 + 6}（千米/小时）$$

这个平均速度，比第一天较快的速度慢，比第二天较慢的速度快。

这样看，两个分数分子加分子，分母加分母，凑成一个新分数，结果好像把原来的两个分数做了一个"大平均"。新分数在两个分数之间，比大的小，比小的大。

这是不是反映了一个普遍规律呢？

多用几个数试试：

$$\frac{1}{2} < \frac{1+2}{2+3} < \frac{2}{3}, \quad \frac{1}{4} < \frac{1+2}{4+5} < \frac{2}{5}$$

果然不错。但最好还是用字母代替数证明一下。

设 m, n, p, q 都是正数，并且 $\frac{n}{m} < \frac{q}{p}$，也就是 $np < mq$，要证的是 $\frac{n}{m} < \frac{n+q}{m+p} < \frac{q}{p}$，也就是

$$n(m+p) < m(n+1)$$

$$p(n+q) < q(m+p)$$

展开一看,果然不错!

因为 $\frac{1}{1}=1$,这样就知道:分子分母都加 1,可以使比 1 大的分数变得小一点,比 1 小的分数变得大一点,例如:

$$\frac{7+1}{6+1} < \frac{7}{6}, \quad \frac{5+1}{6+1} > \frac{5}{6}$$

这样凑出来的新分数,和原来的分数相差多少呢?用刚才的 $\frac{3}{5} = \frac{2+1}{3+2}$ 试试:

$$\frac{2}{3} - \frac{3}{5} = \frac{1}{15}, \quad \frac{3}{5} - \frac{1}{2} = \frac{1}{10}$$

真巧,分子都是 1。

这是不是又是一条规律呢?

多算几个试试:

$$\frac{3}{5}, \frac{2}{3}, \text{凑成} \frac{5}{8}$$

$$\frac{2}{3} - \frac{5}{8} = \frac{1}{24}, \quad \frac{5}{8} - \frac{3}{5} = \frac{1}{40}$$

倒像是普遍规律!但是:

$$\frac{2}{7}, \frac{3}{4}, \text{凑成} \frac{5}{11}$$

$$\frac{3}{4} - \frac{5}{11} = \frac{13}{44}, \quad \frac{5}{11} - \frac{2}{7} = \frac{13}{77}$$

这又不像是普遍规律了。

可是,计算结果有两个 13 出现在分子上,是不是里面还有点规律呢? 再仔细检查:

$$\frac{3}{4} - \frac{2}{7} = \frac{13}{28}, \quad \frac{2}{3} - \frac{1}{2} = \frac{1}{6}$$

这下找到一点线索了:原来两个分数之差的分子是1,凑出来的分数和原来两个分数之差的分子也是1;原来两个分数之差的分子是13,凑出来的分数和原来两个分数之差的分子也是13!

用字母代替数算一算:

$\frac{q}{p}, \frac{n}{m}$ 是原来的分数,凑成新分数是 $\frac{q+n}{p+m}$:

$$\frac{q}{p} - \frac{n}{m} = \frac{mq-np}{pm}$$

$$\frac{q}{p} - \frac{q+n}{p+m} = \frac{mq-np}{p(p+m)}$$

$$\frac{q+n}{p+m} - \frac{n}{m} = \frac{mq-np}{m(p+m)}$$

果然不错,分子都是 $mq-np$。这条规律算是被找到了。

如果一开始 $mq-np=1$,像 $\frac{2}{3} - \frac{1}{2} = \frac{1}{6}$ 那样,差的分子是1,凑出来一个 $\frac{3}{5}$:

$$\frac{1}{2} < \frac{3}{5} < \frac{2}{3}$$

两两之差分子仍是1。再凑出两个来:

$$\frac{1+3}{2+5} = \frac{4}{7}, \quad \frac{3+2}{5+3} = \frac{5}{8}$$

得到5个分数的关系:

$$\frac{1}{2} < \frac{4}{7} < \frac{3}{5} < \frac{5}{8} < \frac{2}{3}$$

它们当中,相邻两个分数之差,都是分子为1的分数。真有趣!

刚才我们是从 $\frac{1}{2}$ 和 $\frac{2}{3}$ 开始凑的,如果从更简单的分数开始呢?

最简单的数当然是 0 和 1。最简单的分数就是 $\frac{0}{1}$ 和 $\frac{1}{1}$，凑一下，出来个 $\frac{0+1}{1+1}=\frac{1}{2}$：

$$\frac{0}{1} \qquad\qquad\qquad \frac{1}{2} \qquad\qquad\qquad \frac{1}{1}$$

继续进行：

$$\frac{0}{1} \qquad \frac{1}{3} \qquad \frac{1}{2} \qquad \frac{2}{3} \qquad \frac{1}{1}$$

$$\frac{0}{1} \quad \frac{1}{4} \quad \frac{1}{3} \quad \frac{2}{5} \quad \frac{1}{2} \quad \frac{3}{5} \quad \frac{2}{3} \quad \frac{3}{4} \quad \frac{1}{1}$$

$$\frac{0}{1}\ \frac{1}{5}\ \frac{1}{4}\ \frac{2}{7}\ \frac{1}{3}\ \frac{3}{8}\ \frac{2}{5}\ \frac{3}{7}\ \frac{1}{2}\ \frac{4}{7}\ \frac{3}{5}\ \frac{5}{8}\ \frac{2}{3}\ \frac{5}{7}\ \frac{3}{4}\ \frac{4}{5}\ \frac{1}{1}$$

这样做下去，都能得到些什么分数呢？让我们来试一试：

以 2 为分母的，有 $\frac{1}{2}$；

以 3 为分母的，有 $\frac{1}{3}$，$\frac{2}{3}$；

以 4 为分母的，有 $\frac{1}{4}$，$\frac{3}{4}$；

以 5 为分母的，有 $\frac{1}{5}$，$\frac{2}{5}$，$\frac{3}{5}$，$\frac{4}{5}$。

再做下去，马上就要出现 $\frac{1}{6}$ 和 $\frac{5}{6}$，但是绝不会出现 $\frac{2}{6}$，$\frac{3}{6}$，$\frac{4}{6}$。因为这些分数自左向右一个比一个大，一个数只有一个位置；而 $\frac{2}{6}$，$\frac{3}{6}$，$\frac{4}{6}$（即 $\frac{1}{3}$，$\frac{1}{2}$，$\frac{2}{3}$）的位置，早已被 $\frac{1}{3}$，$\frac{1}{2}$，$\frac{2}{3}$ 占了。

再做下去，会有 $\frac{1}{7}$，$\frac{6}{7}$ 出现。这样，以 7 为分母的真分数也都到齐了。

你很容易猜出来：

一、这样做下去，只会产生既约的真分数（即分子分母除 1 外没有其他公约数的分数，并且分子小于分母）。

二、所有的既约真分数，都会一个一个地出现，既不会重复，也不会遗漏。

这两个猜想对不对呢？

这样的猜想又有什么意义？

这两个猜想确实都对，并且已经得到了证明。这样从 $\dfrac{0}{1}$，$\dfrac{1}{1}$ 出发造出来的一串分数，叫作"法里分数"，在数学的研究中还很有用处呢！

花园分块

三角形是最简单的多边形。

简单的东西，往往用处很大。盖大楼要用许多材料，形状简单的砖、石头、沙用得最多。

各种各样的图形里总有三角形，或者有暗藏的三角形，所以三角形用处大。

你早就知道，"三角形的面积等于底和高的乘积的一半"。有关三角形的知识，这一条最简单。简单的东西用处大，所以这条知识用处也大得很。只要你重视它，会用它，它能帮你解决成百上千、各式各样的几何问题呢！

有一个正方形的花园，周界总长 400 米；周界上每隔 20 米种一棵树，一共 20 棵。现在要把花园分成面积相等的 4 块，还要求每块都有 5 棵树。你怎样来分呢？

你很容易想到图 14 的两种分法。花园角上有树的时候，用图 14

的左法；角上没树，用右法。

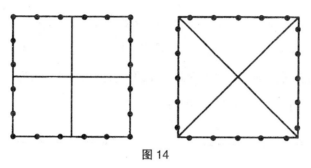

图 14

如果把题目里的 20 棵树改成 40 棵，沿周界每 10 米一棵，角上要有树，还要分得每块面积相等，而且都有 10 棵树，图 14 中的两种方法就都不灵了。

我们可以在边界上随便哪两棵树之间取一点 A，如图 15。沿着边界向一个方向量 100 米得到 B，再量 100 米得到 C，再量 100 米得到 D，当然 D 到 A 也是 100 米。把 A、B、C、D 和正方形的中心 O 连起来，便把花园分成了 4 块。这 4 块的面积是不

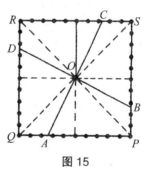

图 15

是一样大呢？只要计算其中的一块就知道了。把图 15 中的四边形 $APBO$ 分成两个三角形来计算，根据三角形面积公式得到：

$\triangle APO$ 的面积 $= \dfrac{1}{2} \times 50 \times AP$

$\triangle BPO$ 的面积 $= \dfrac{1}{2} \times 50 \times BP$

$\therefore S_{\text{四边形} PAOB} = \dfrac{1}{2} \times 50 \times (AP + BP) = 2500 \, (\text{平方米})$

在这里，中心 O 到各边的距离是 50，$AP + BP = 100$，这都是知道的。

如果问题再变一变,不是要求把花园分成4块,而是分成5块,而且要面积相等,每块都是8棵树,又该怎么办呢?

很多人会觉得分5块难。照搬刚才的方法把花园分成5块,如图16,从图上可以看出,这5块的形状不一样。但用三角形面积公式,可以算出每一块都是2000平方米。

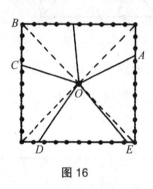

图 16

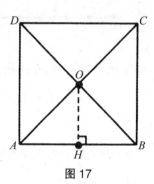

图 17

那么,怎么知道中心O到各边的距离是50呢? 这又可以用三角形面积公式来说明:如图17,中心O是正方形对角线的交点。对角线把正方形分成4个面积一样大的三角形:$\triangle OAB$, $\triangle OBC$, $\triangle OCD$, $\triangle ODA$,它们的面积都是$\frac{1}{4} \times 10000 = 2500$(平方米)。以$\triangle OAB$为例,把$AB$看成底,高$OH$就是$O$到$AB$边的距离,反过来用面积公式

$$\frac{1}{2} \times AB \times OH = 2500 \text{(平方米)}$$

已知$AB = 100$米,于是可以求出$OH = 50$米。同理,O到各边距离都是50米。

我们已经看到,同一个面积公式在这里有两种不同的用法:

一、正用:计算面积(分成三角形来算);

二、反用:求线段长度(图 17 中,用 $\triangle OAB$ 的面积和底求高)。

我们又看到,同一个问题有不同的解法。有的方法,问题一变就不能用了;有的方法,却能跟着问题变。后面这种方法,值得你特别注意!

巧分生日蛋糕

一块正方形的生日蛋糕(严格地说,是正四棱柱形的。由于这柱体的高相对较小,通常人们把它叫作方形蛋糕),表面上涂有一层美味的奶油,要平均分给 5 个孩子,应当怎么切呢?

困难在于,不但要把它的体积分成 5 等份,同时要把表面积也分成 5 等份!

要是 4 个人分、8 个人分就好了。不然,要是圆形的蛋糕,也就好了。偏偏是方形蛋糕,5 个人来分!

且慢抱怨! 冷静地想一下,你会意外地发现,"方形"和"5 人来分"这两个条件,并没有给你增加什么困难,解答是令人惊奇地平凡而简单:只要找出正方形的中心 O,再把正方形的周界任意 5 等分;设分点为 A,B,C,D,E,作线段 OA,OB,OC,OD,OE,沿这些线段向着柱体的底垂直下刀,把它分成 5 个柱体便可以了。如图 18,便是一种分法。(我们在图中标出了方形各边的 5 等分点,这就易于看出 $A,$

B, C, D, E 是周界的 5 等分点了。）

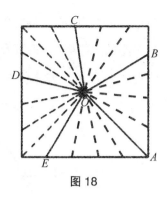

图 18

要证明这种分法的正确性，只要用一下三角形面积公式和柱体体积公式就够了。由于中心 O 到四边距离相等，所以图中用虚线划分的小三角形都是等底等高的！剩下的，就是用人人皆知的公式，通过具体计算验证各块的体积相等，并且所附带的奶油面积也相等罢了。

这件事提醒我们：面对貌似困难的题目不要紧张，冷静下来，用你学过的基本知识去分析它，往往会发现它其实并不难。

让我们进一步想想：如果蛋糕奶油面是正三角形，或者是正六边形、正 n 边形，而且是 m 个人来分呢？你一定会毫不犹豫地回答：分法是一样的！

如果蛋糕奶油面是任意三角形的呢？也许你不那么有把握了吧！想一想：刚才能成功的关键是什么？是"正方形中心到各边等距"。那么，三角形内有没有到各边等距的点呢？有，内切圆心就是。分法找到了：把三角形的周界分成 5 等分，把分点 A, B, C, D, E 分别和内心 O 连起来，沿这 5 条线段下刀就是。

但是，你会把任意三角形的周界 5 等分吗？这时，图 18 中先把各边 5 等分的办法显然不太适用了。你可以先把 3 边"拉"成一条线段，分好之后再搬回来。用规尺完成这个作图是容易的，如图 19 所示，这里不再用文字解释了。

刚才我们用到了三角形的内心，这会使我们想到：任意的圆外切多边形也有"内心",即它的内切圆心 O;而 O 到外切多边形的各边也是等距的。这样一来,所有的圆外切多边形的蛋糕,都可以按照要求均分成 m 块了。方法仍然相同,比如,菱形蛋糕便可以这样来分。

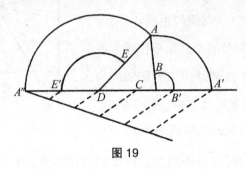

图 19

通常吃的蛋糕的形状大致都是柱体的。如果一家食品公司别出心裁,做了一种金字塔形蛋糕,我们能够把它(连同它的表面积)均分成 5 块吗?

金字塔形,就是正四棱锥形。它的分法仍然和前面的分法雷同。只要找出锥形的底的周界的 5 等分点,设等分点为 A,B,C,D,E,把它们和

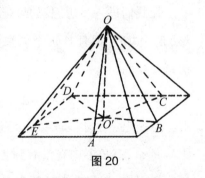

图 20

锥顶点 O 连接起来。如图 20,设 O 在锥底的正投影为 O',我们以 $\triangle OO'A$, $\triangle OO'B$, $\triangle OO'C$, $\triangle OO'D$, $\triangle OO'E$ 为剖面下刀,便可以满足要求了。

进一步思考,你会想道:如果棱锥的底面是圆外切多边形,而且棱锥顶点和底的内切圆圆心连线垂直于底面的话,仍可以依样画葫芦地均分成若干块。因为,利用勾股定理和立体几何里的"三垂线定

理"容易验证：棱锥各侧面三角形的高相等。另外，底面内心仍和底的各边等距。

回顾一下，我们从开始到现在，一步一步已走得不近了；但每一步并不太费力。这样一小步一小步地向前挪动，可以使你从简单情况出发，解决相当困难的问题。不信，你可以问一位爱好数学的朋友：

"怎样把正四面体形的蛋糕均匀地分成 5 块，同时使表面上的奶油也分得均匀？"

十之八九，他会觉得这是个难题。甚至他很难一下子相信你告诉他的解答（如上述）是正确的！但对于这个问题，你已了如指掌了。

但是，这样的分法并非无往而不胜！比如一块长和宽不相等的矩形蛋糕，就会让我们碰钉子。不过，也不是没有办法。设矩形的长为 a，宽为 b，下面提供的方法可以把它均分成 5 块（如图 21）。注意，别忘了表面积也要分均匀。

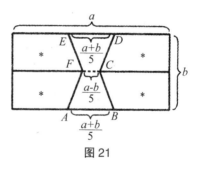

图 21

说明如下：4 块带"*"的部分都是全等的四边形，因而只要计算一下中间的六边形 $ABCDEF$ 有关的蛋糕的量。设蛋糕高为 h，则这一块的

$$\text{体积} = h \times \frac{b}{2} \times (\frac{a+b}{5} + \frac{a-b}{5}) = \frac{abh}{5}$$

$$\text{奶油面积} = 2 \times h \times \frac{a+b}{5} + 2 \times \frac{1}{2} \times \frac{b}{2}(\frac{a+b}{5} + \frac{a-b}{5})$$

$$= \frac{1}{5}[2h(a+b) + ab]$$

$$= \frac{1}{5}(2ah + 2bh + ab)$$

恰好符合要求。

最后,试问一下:怎样把矩形蛋糕均分为7块、9块、10块、m块?（请参考图21,或者也可以用别的方法。）

少儿科普名人名著书系

"1+1≠2" 的形形色色

这个标题也许使你惊奇。1+1当然等于2,这在算术里早已明确了! 为什么这里却说1+1≠2呢? 其实,只要打破常规,大胆想象,确能找出几个能自圆其说的"1+1≠2"的例子!

例1 一只虎加一只羊,虎吃了羊,岂不是1+1=1吗?

例2 一堆沙子和另一堆沙子,是一大堆沙子,又是1+1=1!

例3 一支筷子加一支筷子,是一双筷子,也可以说是1+1=1!

你一定会觉得这几个例子不严肃,缺乏科学性。特别是例2和例3,把两堆叫"一大堆",把两支叫"一双",不过是文字游戏罢了。

好,让我们继续找些1+1≠2的例子。

例4 如图22,小明向东走1千米,接着向北走1千米,结果他离出发点不是2千米,按勾股定理算出来是√2千米,

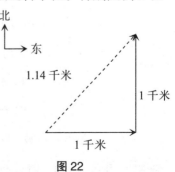

图22

即大约 1.41 千米,这是 1+1<2!

最后这个例子,数学味道比前几个浓得多。它告诉我们位置的移动——在数学中叫"位移"——光说距离的大小,不提方向是不够的。向东走 1 千米,再向东走 1 千米,离出发点 2 千米。向东走 1 千米,再向西走 1 千米,却回到出发点了。像这样既有大小又有方向的量,叫作向量。位移、力、速度、加速度等都是向量,可见向量有很大的用处。

向量怎么相加呢?在图上看是很简单的:用带箭头的线段表示向量,线段的长度就表示向量的大小。甲、乙两个向量首尾衔接,从甲的尾巴到乙的箭头可以画出个带箭头的线段,这个线段便表示甲、乙两向量之和。

当甲、乙两向量大小都等于 1 时,两向量的和的大小通常小于 2;只有甲、乙方向相同时,它们的和的长度才是 2。

例 5 把所有整数分成两类:偶数和奇数。用 0 代表偶数,1 代表奇数。这时:

$$1+1=0 \quad (奇+奇=偶)$$
$$1+0=1 \quad (奇+偶=奇)$$
$$0+0=0 \quad (偶+偶=偶)$$
$$1×1=1 \quad (奇×奇=奇)$$
$$1×0=0 \quad (奇×偶=偶)$$
$$0×0=0 \quad (偶×偶=偶)$$

这种 0 与 1 之间的运算,叫"模 2"算术。"模 2"算术可以用在编码上。编码的用处可大了,信息的记录、保存、传递都离不开它;特别是军用密码的编制和破译也与它息息相关,为此各国都在加紧研究它。

例6 如图23,甲、乙两个开关并联起来,组成一个电路丙。用1表示通电,0表示断电,"+"表示并联,很容易看出来:

若甲断电,乙也断电,则丙也断电,灯泡不亮。这就是 $0+0=0$。

若甲通电,乙断电,则丙通电,灯泡亮了。这就是 $1+0=1$。

若甲通电,乙也通电,则丙通电,灯泡亮了。这是 $1+1=1$。

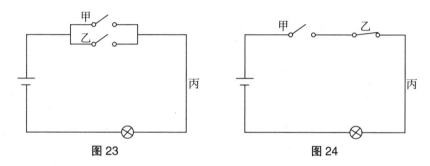

图23　　　　　　　　　图24

如果甲、乙电路不是并联而是串联(如图24),可以用乘法表示。这时甲、乙有一个断开,丙就断开。这就是:$0×0=0$, $0×1=0$, $1×0=0$。当甲、乙都接通时,灯就亮了,这就是 $1×1=1$。

按照这种规律,又建立了一种算术,叫布尔算术。布尔算术里只有两个数:0 和 1。它和"模 2"算术不同之处在于:布尔算术里 $1+1=1$,而在"模 2"算术里 $1+1=0$!

在布尔算术基础上,又发展起一种布尔代数。这种代数在电子线路的设计上大有用处,计算机的研制、使用都离不开它。

你看,"$1+1≠2$"这个看来荒谬的式子,把我们引入了多么广阔的领域啊!

用圆规巧画梅花

在正五边形的每条边上，向外画半圆，便成了一朵梅花。你能画吗？

这有什么稀奇呢？人人都会画。

可是有个要求：在画花瓣的时候，圆规的针脚不许离开正五边形的中心点。你会画吗？

也许你会提出疑问：这怎么可能呢？

能！告诉你两个方法。说到这里，我还想起了一段往事。

当我第一次拿到圆规的时候，心里感到特别好奇，总想东画一个圆，西画一个圆。

一次，我在一个硬纸盒子里画圆，可是圆心定偏了，画着画着，纸盒的侧面挡住了圆规上铅笔的去路。于是，我把圆规稍微向后倾斜了一下，针脚依然插在原处，硬是从纸盒的侧面画了过去（图25）。画完之后，我把纸盒的4个侧面摊平一看，奇怪的事发生了！我画的竟不是一个圆，而是比圆多凸出了一块的形状（图 26），真像个不倒翁呢。凸出的部分恰好是一个半圆。

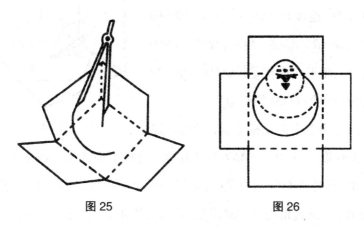

图 25   图 26

说到这里，你一定会想到圆规针脚不动，画出 5 瓣梅花的方法了吧。

一个方法是在一个底面是正五边形的盒子里画，画完之后把盒子的侧面全部剖开摊平。但是，这样的盒子是不大容易找到的。

另一个可行的方法是这样的：先在纸上画一个正五边形。在桌上放一个木匣或硬纸匣，匣的侧面要平，还要和桌面成直角。沿着正五边形的边把纸折成直角，让折缝紧贴匣子侧面的底边，再把圆规针脚钉在正五边形中心，取半径等于正五边形中心到顶点的距离，使圆规上的铅笔靠着匣子侧面画过去（图 27）。于是，一瓣梅花就画成了。画完一瓣，针脚不动，把纸和匣子旋转到另一边，再画第二瓣梅花，直到画成 5 瓣为止。

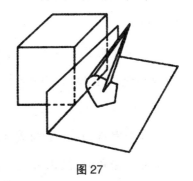

图 27

这是什么道理呢？我们不妨来证明一下：

设正五边形的一边为 AB, AB 恰好在桌平面与匣侧面的交线上（图 28）。取 AB 的中点 M, 连接 OM 成一直线。因为 $AO = BO$, $\triangle OAB$ 是等腰三角形，所以 $\triangle OAM$ 是直角三角形。也就是说，$OM \perp AB$, OA 是直角三角形 OAM 的斜边。

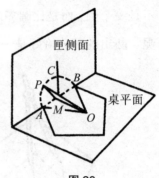

图 28

因为两个平面互相垂直，所以在匣侧面上任取一点 P, $\angle PMO$ 就是直角。这里稍稍涉及一点立体几何的知识，你还没有学。但是，你可以用一个三角板，把直角的顶点放在 M 处，一条直角边沿 OM 固定，让另一直角边在匣侧面上转动，就可以证实 $\angle PMO$ 的确是直角。

设圆规的铅笔画到了匣侧面的 P 点，由于 $\angle PMO = 90°$, 所以 $\triangle PMO$ 是直角三角形。又由于 $OP = OA$（圆规两脚的距离不变），可利用勾股定理算出：

$$PM = \sqrt{OP^2 - OM^2} = \sqrt{OA^2 - OM^2} = AM$$

这一点可以说明 P 点运动时，可画出一个以 M 为圆心，以 AM 为半径的半圆。

如果匣侧面和桌平面的夹角不是直角，圆规的针脚还是不动，圆规在侧面上画出来的又是什么呢？你不妨猜一猜、试一试、证一证。

你会发现：两个平面成钝角时，画出来的是不到半圆的圆弧；两个平面成锐角时，画出来的是超过半圆的圆弧。总之，画出来的都是圆弧。

要证明画出来的图形是圆弧并不难，也可以更直截了当地"看"出来：不管 P 点怎么在空中转动，由于 O 是固定的，OP 距离不变（图 29），P 在空中运动的轨迹总是以 O 为球心、以 OP 为半径的球面。用平面去截取球面，截取出来的总是一个圆。

图 29

怎样知道有时是半圆，有时又不是半圆呢？

不妨设想 OP 是一根绳子，O 端钉在天花板上，一人紧拉着 P 端在地面上跑，他所跑的路线就是一个圆周（图 30）。如图 31，如果 O 点不钉在天花板上，而钉在墙壁上，他的活动范围就只剩下一半了，显然他所跑的路线就是一个半圆了。

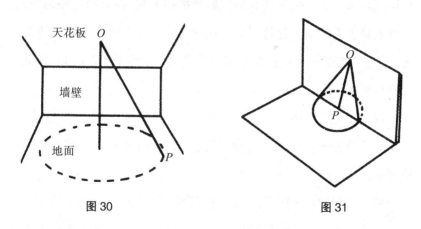

图 30   图 31

这样想问题的时候，我们已经把匣子的侧面当成地面，把桌面立起来当成墙壁了。墙壁倾斜了，下面的图形仍是圆弧，但不是半个圆了。

设想钉子不动,墙身向外倾斜,拉绳子的人活动范围就不到半圆了。这时候两平面构成钝角(图32)。相反,墙身向里倾斜,拉绳子的人活动范围就超过了半圆(图33)。

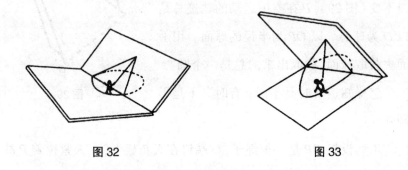

图32   图33

说穿了,就这么简单。

在学数学的时候,常常需要这样来想问题,把抽象的问题转化成具体问题来考虑。脑子里不妨先离开那些公式、符号和定理,看看它大体上是怎么回事。这样做,好比到一个陌生的城市去找一栋楼房之前,先在地图上看看这个城市里的街道;看得大体清楚了,进城去找就容易多了。

数学家把这种做法叫作"从直观上弄清楚"。直观上清楚了,并不能代替严密的论证,但能帮我们找出正确的结论,启发我们如何去证明它。

最后,留给你一个问题:能够用圆规在纸上画出一段直线吗?

答案:把纸贴在圆筒形的盒子内侧,圆规的针脚固定在盒子底部中心,这样就可以画出一条直线了。

从朱建华跳过 2.38 米说起

　　说起朱建华，你可能有点陌生。你知道吗？在 20 世纪 80 年代，他可是我国大名鼎鼎的跳高运动员。1983 年 6 月，朱建华跳过 2.37 米，打破了当时男子跳高世界纪录。要知道，当时田径是我国体育界的弱项，特别是男子项目。朱建华能打破世界纪录，无疑令国人惊讶、振奋不已。

　　9 月 22 日，他又跳出了 2.38 米的新高度！

　　世界跳高纪录在一厘米一厘米地增长。既然跳过了 2.38 米，那谁又能说 2.39 米、2.40 米不会被征服呢？

　　一厘米，只有那么一点。在已经达到的高度上增加那么一点，似乎总是可能的。

　　但是，如果真的一厘米一厘米地不断加下去，你会发现人需要跳过的高度将是 3 米、5 米、10 米，直至比月亮还高！

　　也许一厘米太多了一点。一毫米一毫米、一微米一微米地增长，人是不是就可能跳过呢？

也不行，你可以算出来：即使每次只增长一微米，只要一次又一次不断刷新纪录，最后还是会要求人跳得比月亮还高。

不管多么小的正数 a，哪怕是万分之一、亿亿分之一，把它重复相加：$a+a=2a, 2a+a=3a, 3a+a=4a$……加的次数多了，便能够要多大有多大。数的这条性质，叫作阿基米德性质，或阿基米德公理。这个阿基米德，就是那位发现浮力定律的古希腊科学家。

照这么说，是不是一个正数加上一个正数，再加一个正数，再加，再加……不断加下去，就一定会越来越大，要多大有多大呢？

这可不见得。越来越大是对的；可要多大有多大，就不一定了。

为什么呢？刚才不是说，不管多么小的数，只要反复地加，可以要多大有多大吗？

阿基米德公理说的是同一个正数反复地加上去，要多大有多大。如果每次加上去的不是同一个数，是越来越小的正数，情形就变了。

从 0.3 开始，加上 0.03，再加 0.003，0.0003，无穷地加，确实越来越大，和 $\frac{1}{3}$ 的差越来越小；但这样无限加下去，无论如何也达不到 $\frac{1}{3}$（为什么？请想一想）。所以规定：

$$\frac{1}{3}=0.\dot{3}=0.3+0.03+0.003+0.0003+\cdots$$

另一个例子是

$$1=\frac{1}{2}+\frac{1}{4}+\frac{1}{8}+\frac{1}{16}+\cdots$$

它的意思从图 34 上可以看个明白。一个正方形内无穷多个长方形的面积之和只能越来

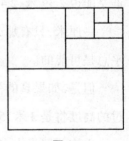

图 34

越接近于这个正方形的面积,根本不可能比这个正方形更大。

根据上面的例子是不是又可以说:一串越来越小,要多么小就能多么小的正数,一个个加起来,就不会变得很大很大、要多大有多大了呢?

你要是这样看,那就又错了。

比方说,从1开始加上两次 $\frac{1}{2}$,再加三次 $\frac{1}{3}$、四次 $\frac{1}{4}$……不是照样可以要多大有多大吗?

也许你不服气,因为加上去的数有很多重复的。那就再看这个例子:

$$1 + \frac{1}{2} + \frac{1}{3} + \frac{1}{4} + \frac{1}{5} + \frac{1}{6} + \frac{1}{7} + \frac{1}{8} + \cdots$$

它这样加下去,也会要多大有多大。你明白其中的道理吗?

道理也很简单:

$\frac{1}{3} + \frac{1}{4}$,比 2 个 $\frac{1}{4}$ 大,大于 $\frac{1}{2}$;

$\frac{1}{5} + \frac{1}{6} + \frac{1}{7} + \frac{1}{8}$,比 4 个 $\frac{1}{8}$ 大,也大于 $\frac{1}{2}$;

$\frac{1}{9} + \frac{1}{10} + \cdots + \frac{1}{15} + \frac{1}{16}$,比 8 个 $\frac{1}{16}$ 大,也大于 $\frac{1}{2}$;

……

可见,其中要多少个 $\frac{1}{2}$ 有多少个 $\frac{1}{2}$,加起来,不就是要多大有多大了吗?

在这篇文章里,从朱建华破跳高世界纪录开始,我们讨论的都是加法,都是无穷多个数相加的问题。在数学中,无穷多个数"相加",叫作无穷级数。无穷级数属于高深的数学知识,要在高等数学中才学到,可以用来解决许多科学上的难题。但在我们讲的这些内容当中,你可以看出,高深数学的基本思想就寓于平凡的事物之中。

逃不掉的老鼠

　　一条长线上有 5 只猫,各管一段线。一条短线上有 5 只老鼠,各有一段活动范围(如图 35)。猫和老鼠都编了号码,1 号猫负责捉 1 号老鼠,2 号猫负责捉 2 号老鼠,这样继续下去,直到 5 号猫负责捉 5 号老鼠。如果把短线和长线放在一起,但短线的两端不能伸到长线之外(如图 36),这时是不是总有一只(也许有更多)倒霉的老鼠,它的活

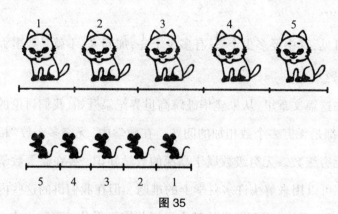

图 35

动范围恰好碰到了专门捉它的那只猫的防区呢?

观察图36,你会发现不管如何划分线段,也不管短线在长线两端之内如何移动,至少有一只老鼠要倒霉。

在图36中我们用箭头指出了这些逃不掉的老鼠的号码。最下面的图36(c)中,2号猫的防区刚刚和2号老鼠的活动范围边界相连(3号也一样),也算碰到了。如果不是边界和边界正好对准,就像图36(a)、(b)中所画的那样,防区和同号码的老鼠的活动范围只会有更多的接触。

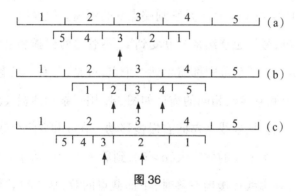

图36

是不是因为猫和老鼠都太少,才碰巧发生这种情形呢?你不妨自己再画些类似的图,把长短两条线段都分成10段、20段、100段来看看。你会惊奇地发现,总会有两个相同的号码凑在一起。

这里面有没有什么道理呢?

说穿了也很简单:请看图37,小线段左端的号码1,对应于比它大的7;右端的100,对应于比它小的94。从左往右看,一开始是上面的号码大,到后来变成上面比下面的小了。不难想象,中间一定有某个地方,上下的号码正好相等。事情就是这样平凡。这好比两人赛跑,一开始甲在乙的后面,后来甲又超过了乙,是不是一定有那么一瞬间,甲和乙并肩前进呢? 这是很显然的。

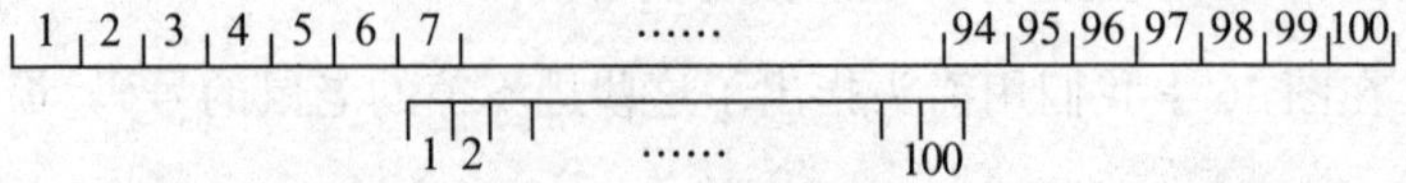

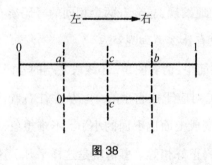

图 37

如果图中短线段的号码是从右边开始,道理也一样,就像两人在一条路上互相迎面走来,总要见面一样。

同样的道理,如果长线段上的每个点代表一只猫,它的号码用 0 到 1 之间的实数 x 表示,x 是它到端点 0 的距离。短线段上每个点代表一只老鼠,号码也连续地从 0 变到 1。尽管这时候猫和老鼠都有无穷多只,防区和活动范围都缩小到一个点,可是,总有一只老鼠倒霉,它正好碰上和它号码相同的猫! 如图 38,用一条和两根线段垂直的虚线来截它们,把虚线从左向右慢慢移动。在 a 和 b 两个截点上,你会发现,一开始上面的数字大($a > 0$),到后来下面的数字大($b < 1$)。也就是说,在虚线慢慢地右移时,下面截点的数,从"落后"慢慢变成了"超前",这中间一定有个地方,下面正好赶上了上面,也就是 $c = c$。不过,c 点究竟在什么位置,可就不知道了。

图 38

要是用矩形代替线段，就更有趣了。把大矩形划分为9个防区，小矩形按相似的顺序编号，划为9个活动范围。把小矩形画在透明纸上，叠放在大矩形上面，不管怎么放，总有一只老鼠，它的活动范围会碰到号码相同的猫的防区！如图39中用箭头指出了这些号码。

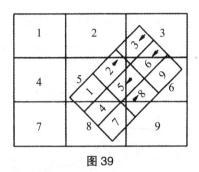

图39

如果把大小矩形都分成100格、1000格，同样的情况仍然会发生。

即使小矩形画得不那么规矩，画成了平行四边形、梯形，甚至弯弯曲曲、歪歪扭扭，都没关系。你就是把小矩形折叠几次，或揉成一团（不要撕破），压放在大矩形上面，还是至少会有一只逃不掉的老鼠（如图40）。

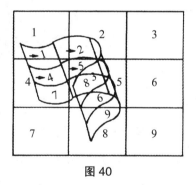

图40

如果把矩形换成长方体，把小长方体放到大长方体内，情形仍是一样！这里面包含了一条高深的数学定理，叫作不动点定理。它有很多的变化、推广和应用。许多科学问题的求解，都可以用不动点定理来帮忙哩！

不动点定理还可以用一个简单的例子说明：把一张小的中国地

图放在大的中国地图内,一般地说,大地图上的北京、上海、杭州是不会和小地图上的北京、上海、杭州正好落在一起的,它们都动了位置。但可以肯定,一定有一个地方没有动,它在两张地图上的标记落在一块了。因为大小地图相似,这个定理可以用下列几何题来表达:

正方形 *A'B'C'D'* 在正方形 *ABCD* 内,请在 *A'B'C'D'* 内找一点 *P*,使 △*PA'B'* ∽ △*PAB*,则 *P* 就是不动点。你能做出来吗?

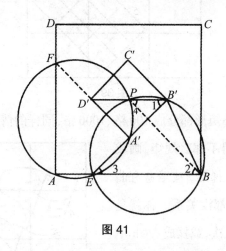

图 41

答案:假设 *P* 点已找到,由 △*PA'B'* ∽ △*PAB*,故 ∠*PB'A'* = ∠*PBA*。如图 41,延长 *B'A'*,交直线 *AB* 于点 *E*,由 ∠1 = ∠2 知 ∠3 = ∠4,故点 *P* 在 △*B'EB* 的外接圆上。同理,点 *P* 也应当在 △*A'FA* 的外接圆上,点 *F* 是 *A'D'* 延长线和 *AD* 的交点。作出这两个圆,便把点 *P* 找出来了。如果 *AB* // *A'B'*,上述方法失效。这时 *P* 点应当是直线 *AA'* 与 *BB'* 的交点。

石子游戏与同余式

让我们来玩拿石子的游戏吧！

一堆石子，你拿一把，我拿一把，总会拿光的。谁抓到最后的一把，就算输。

光这样规定行吗？先拿的人一下子拿很多，只剩下 1 颗，不就轻而易举地取胜了吗？

那就规定，每次最多不能超过多少。比方说，每次至多拿 8 颗石子，再多了就不行。至少呢，总得拿 1 颗吧。如果允许不拿，那最后 1 颗谁也不肯拿了。

两个人都想胜，就要琢磨取胜的方法。石子多了头绪太多，先想想最简单的情形。

1 颗石子，很简单，谁先拿谁输。

2 颗石子，先拿的人就稳操胜券了。拿 1 颗，留 1 颗就是了。再多几颗，只要不超过 9 颗，总是先下手为强，他总可以一下拿得只剩下 1 颗石子。

9 颗再多 1 颗，情况又不同了。我先拿，无法拿得只剩 1 颗。你接着拿，倒可以让石子只剩 1 颗。具体方法是：我拿 1 你拿 8，我拿 2 你就拿 7，我拿 3 你就拿 6……总之要凑够 9 颗。结果，先拿的反而输了。

石子数目只要是 9 的倍数加 1，后拿的人总可以后发制人，用"凑9法"来对付先拿的人。9 颗 9 颗地把石子拿掉，剩下 1 颗时正轮到先拿的人，于是先拿的输了。

要是石子数用 9 除不是余 1，主动权就在先拿的人手里了。比如石子数目是 58，用 9 除 58 余 4。甲先拿，拿走 3 颗，石子数变成 55，用 9 除余 1 了。以后不论乙怎么办，甲都可以用凑 9 法取胜。

游戏的全部奥秘都已揭露无遗了。知道奥秘的两个人来玩，当然便索然无味。

把规矩改一改呢？比如，每次至多可以拿 7 颗，或者 4 颗，又该如何呢？这样变不出多少花样来。每次拿 7 颗，当石子数用 8 除余 1时，先拿的输；其他情况，先拿的胜。至于奥秘，不过是把凑 9 变成凑8 而已。

当然，在拿的过程中不能失误。失误一次，被对方发现，立刻由主动变为被动了。

不论规定拿最后 1 颗的为胜还是为负，掌握了取胜奥秘者，必须先算一算石子数目被 9 除余几（要是拿的石子数每次规定不超过 7颗，要算算被 8 除余几；不超过 6 颗，要算算被 7 除余几）。在这类游戏中，取胜的关键在于很快地算出一个整数被另一个整数除时的余数。可是你能不能做到这一点呢？有没有一种简便的计算余数的方法呢？

我们不妨来逐个研究一下。

用 9 除一个数的余数，很容易算。只要把被除数各位数字加起来，算一算用 9 除这个加数余几，原来的数就余几。在加的过程中 9 可以换成 0。例如，要问 358472 用 9 除余几，可计算

$$3+5+8+4+7+2=29$$

用 9 除 29 余 2，所以 358472 用 9 除余 2。

实际上，还可以更简单一些：7+2=9，5+4=9，所以只要计算 3+8=11 用 9 除时的余数。

道理何在呢？也很简单：

$$358472=300000+50000+8000+400+70+2$$
$$=3\times(9999+1)+5\times(9999+1)+8\times(999+1)$$
$$+4\times(99+1)+7\times(9+1)+2$$
$$=9\times(33333+5555+888+44+7)+(3+5+8+4+7+2)$$

可见 358472 与 3+5+8+4+7+2 相差的是 9 的倍数，用 9 来除，余数当然一样。

求余数的实质，是从被除数里去掉除数的倍数。抓住这一点，你就能发现另外一些求余数的方法：

除数是 3 时，求余数的方法和除数是 9 时求余数的方法完全一样。求 425 用 3 除余几可换成求 4+2+5 用 3 除余几。

除数是 4 时，可以用被除数的最右边的两位数代替原数，并且可以去掉个位数里含的 4 和十位数里含的 2。例如，369257 用 4 除余数

和57用4除一样。5里面有两个2，去掉后是1；7里面有一个4，去掉后是3；用4除13余1，故369257用4除余1。

如果用符号代替语言，能把求余数的方法表达得更简单：

两个数用9除时余数一样，就说这两个数"模9同余"。"模"，就是个标准。若 a 和 b 是模9同余的话，就可记成 $a \equiv b \pmod 9$，或更简单地记成 $a \xrightarrow{(m9)} b$，例如 $28 \xrightarrow{(m9)} 10$。类似地，还有模8同余、模7同余、模10同余、模236同余，都可以。这种式子叫同余式，例如 $10 \xrightarrow{(m8)} 2, 34 \xrightarrow{(m7)} -1, 25 \xrightarrow{(m5)} 0$，等等。

模相等的同余式两端可以相加、相减、相乘，这种性质就像等式一样。

用一下同余式的写法和运算规律，能把用9作除数时的余数计算方法说得又简单又明白，因为

$$10 \xrightarrow{(m9)} 1 \qquad\qquad (1)$$

两端自乘得

$$100 \xrightarrow{(m9)} 1 \qquad\qquad (2)$$

再用（1）×（2）得 $1000 \xrightarrow{(m9)} 1$，其余类推。因而

$$358472 \xrightarrow{(m9)} 3+5+8+4+7+2 \xrightarrow{(m9)} 3+8 \xrightarrow{(m9)} 2$$

下面介绍一下用6，7，8，11，13几个数作除数时余数的简便求法，请你自己用同余式的运算规律来说明，或者不用同余式，直接用普通的算术式子说明。

除数是6时，求余数是几可以把被除数的个位数字与其余各位数字之和的4倍相加，用得数代替原来的被除数。在运算当中，大于6的数字可以减去6。例如，问897635用6除余几，可以用 $4 \times(8+9$

$+7+6+3)+5 \xrightarrow{\text{(m6)}} 4\times(2+3+1+0+3)+5 \xrightarrow{\text{(m6)}} 4\times(2+1)+5$ 来代

替 897635，即用 17 代替原数，所以余数是 5。

　　除数是 7 时，可以把被除数这样变小：

　　个位数字 $+(3\times$ 十位数字 $+2\times$ 百位数字 $-$ 千位数字 $)-(3\times$ 万位

数字 $+2\times$ 十万位数字 $-$ 百万位数字 $)+(3\times$ 千万位数字 $+2\times$ 亿位数

字 $-$ 十亿位数字 $)-(3\times$ 百亿位数字 $+\cdots)$

　　如要问 3986452 用 7 除余几，可计算：

$$2+(3\times5+2\times4-6)-(3\times8+2\times9-3)$$

　　在计算过程中，比 7 大的数可减去 7，比 7 小的数也可加上 7，便得：

$$2+(1+2)-(3+1)=1$$

所以这个数用 7 除余 1。

　　除数是 8 时，只要看个位、十位和百位，计算如下：

$$个位数字 +2\times 十位数字 +4\times 百位数字$$

用计算结果代替原来的被除数。例如，要问一个数 6705493 用 8 除

余几，只要看 493。对 493 处理的方法是：$3+2\times9+4\times4$，记住有 8 就

去掉，计算结果可得 $3+2+0=5$，即余数为 5。

　　除数为 11，求余数的方法特别简单，只要计算：

$$个位数字 - 十位数字 + 百位数字 - 千位数字 +\cdots$$

算出来如果是负数，可以加上 11 的倍数使它变成正的。例如求 34357

用 11 除余几，只要求

$$7-5+3-4+3=4$$

就知道它用 11 除余 4。

　　除数为 13，求余数的方法和除数为 7 时类似，计算方法是：

个位数字 $-3\times$ 十位数字 $-4\times$ 百位数字 $-$ 千位数 $+3\times$ 万位数字 $+4\times$ 十万位数字 $+$ 百万位数字 $-3\times$ 千万位数字 $-4\times$ 亿位数字 $-$ 十亿位数字 $+\cdots$

计算过程中,可以把13去掉,也可以加上13。

例如要问893142用13除余几,算法是:

$$2-3\times4-4\times1-3+3\times9+4\times8$$

结果是42,42除以13余3,就知道893142用13除余3。

求以14,15,16作除数时的余数的简便算法,你知道吗?把上面介绍的方法中的道理弄通,你就能自己找出另一些方法了。

石子游戏与递归序列

现在来玩一种新鲜的石子游戏。

石子只有一堆,限定石子的颗数是奇数。

拿法也很简单:甲乙两人轮流拿,每人每次只许拿 1 颗或 2 颗,不许多拿,也不许不拿。

这么简单的游戏,有什么奥妙呢?

奥妙就在胜负的规则上。这规则是:当石子拿完时,谁拿到手的石子总数是奇数,谁就是胜利者。

这样,当你考虑该拿多少石子时,不但要看剩下多少石子,还要看手里有多少石子。比方说,只剩下 2 颗石子时,恰好该你拿,你怎么做才能摘取这近在眼前的胜利果实呢? 数一数手里的石子吧。手里是奇数,你就拿 2 颗;手里是偶数,当然拿 1 颗啦!

怎么找到取胜的诀窍呢?

我们已经有经验了:从最简单的情形入手研究,是掌握石子游戏规律的好办法，也是解数学题的一条基本法则。

只剩下 1 颗石子，先拿者胜。这说法对吗？粗想似乎不错。可是别忘了，胜负和手中的石子数还有关系呢！如果你手中有偶数颗石子（没有石子也算偶数颗石子），轮到你拿时，只有 1 颗石子，你当然胜了。如果不巧，你手中已有奇数颗石子，再拿 1 颗就成了偶数；而石子总数是奇数，你拿到偶数，对方当然拿到奇数而获胜。

因此，不能把"只剩 1 颗石子"的局面简单地定性为"先拿者胜"，而应当具体地说成是"偶胜奇败"——先拿者手中有偶数颗石子则胜，有奇数颗则败。

如果是 2 颗石子，先拿者便能控制全局，稳操胜券。道理刚才已说过了：先拿者手中有偶拿 1 颗，手中有奇拿 2 颗。

这样，"只剩 2 颗石子"的情形，可以定性为"奇偶皆胜"。

进一步考虑剩 3 颗石子的局面。如果轮到你拿，你千万不要只拿 1 颗；只拿 1 颗，对方便面临"奇偶皆胜"的幸运场面了。如果你拿 2 颗呢？对方面临的是"偶胜奇败"的境地。在剩 3 颗石子的情形下，两人手中石子数之和为偶数，你手中石子数的奇偶性和对方相同，所以对于你，便是"奇胜偶败"了。因此，只有 3 颗石子的局面，叫作"奇胜偶败"。

4 颗石子的局面，你当然不能拿 2 颗，以免对方占据"奇偶皆胜"的制高点。拿 1 颗，对方是"奇胜偶败"。对于你，是不是又可以说是"偶胜奇败"呢？这回不行了。因为你已经拿了一颗石子，改变了自己手中石子数的奇偶性，所以对于你也是"奇胜偶败"。

剩下 5 颗石子时，你手里石子数的奇偶性和对方是一致的。如果你是偶数，对方也是偶数。不管你拿 1 颗或 2 颗，对方总会陷入"奇胜偶败"的绝境。反之,如果你手中的是奇数,对方也是奇数,不管你拿1颗或2颗,都要无可奈何地把"奇胜偶败"的有利局面拱手让人。

因此剩5颗石子的定性结论是"偶胜奇败",和剩1颗石子的局面相同。

剩6颗石子的局面会不会又和剩2颗石子的局面一致呢?

果然不错。剩6颗时,两人奇偶相反。你手中是偶数时,取1颗,对方陷入"偶胜奇败"的境地;你拿到奇数时,取2颗,对方陷入"奇胜偶败"的境地! 所以剩6颗和剩2颗一样,是"奇偶皆胜"!

是不是要继续分析还剩7颗、8颗、9颗石子的各种局面呢? 看来不必了。剩5颗等于剩1颗,剩6颗等于剩2颗,剩7颗岂不是等于剩3颗了吗? 如此循环,规律不就找到了吗?

是不是真的循环呢?

为了讨论起来简便,我们用字母代替语言。字母B代表"奇偶皆胜"(B是both的第一个字母,指两者都),O代表"奇胜偶败"(O,即odd,奇数),E代表"偶胜奇败"(E,即even,偶数)。

我们已经弄清了,剩下石子为1,2,3,4,5,6颗时,顺次出现的局面是EBOOEB,所以猜想:接下去会继续循环,成为一组很有规律的排列,即EBOOEBOOEBOO……

怎样从开始的EBOOEB推断出后面的一串呢? 只要证明下列几条规律就够了。

(1)若EB前面的字母个数为偶数,EB之后必为O,则BO前面有奇数个字母。

(2)若BO前面的字母个数为奇数,BO之后必为O,则OO前面有偶数个字母。

（3）若 OO 前面的字母个数为偶数，OO 之后必为 E，则 OE 前面有奇数个字母。

（4）若 OE 前面的字母个数为奇数，OE 之后必为 B，则 EB 前面的字母个数为偶数。

一条接一条地应用这 4 条规律，周而复始，就能证实我们的猜想。

这 4 条规律证起来并不难。同学们不妨试着分析一下，这是很好的逻辑思维训练呢！

这样一列符号，后面的每项由前面相邻的几项所确定，在数学里叫作递归序列。这里每项仅仅由前两项确定，叫二阶递归序列。由有限个符号组成的递归序列，最后一定会出现循环。

牢牢记住 EBOO 这 4 个字母的顺序，只要你手中石子数的奇偶性符合面临局面的代表字母，你便能稳操胜券了。

什么叫符合？比方说，现在轮到你拿石子了。剩下的石子数目是 9，把 9 用 4 除余 1，4 个字母中第一个是 E，你面临的局面便为 E，E 代表偶数。如果你手中石子数恰是偶数，你便能胜利。

类似地，剩下的石子数目被 4 除余 2 时，你面临的局面为 B，奇偶皆胜！被 4 除余 3 或除尽时，你手中的石子数为奇数时才有取胜把握。

会正确地分析局面了，还要会选择正确的策略。否则，一个回合之后，有利的局面便会被对方夺去。

如何牢牢控制胜利的局面呢？记住下面几个要诀：

剩下的石子数是 4 的倍数时，取 1 颗；

剩下的石子数用 4 除余 3 时，取 2 颗；

剩下的石子数用4除余1时,取1颗、2颗均可;

剩下的石子数用4除余2时,手中的石子数为奇数时取2颗,为偶数时取1颗,总之让自己手中的石子数凑成奇数。

按这几条要诀取石子,如果有了胜利局面,绝不会错过。如果最后输了,那说明你本来就没有得到有利局面,而且对方策略一直正确,所以你败而无憾。

还有两种最简单的情形,一开始就可以决出胜负。

如果石子总数是$m=4k+1$,先拿的必可取胜。取胜之道是:先拿2颗,以后对方拿几颗,你也拿几颗,最后自然胜利。

如果石子总数是$m=4k+3$,后拿的必可取胜。取胜之道是:对方拿几颗,你也拿几颗。

要是一开始你不知道这个诀窍,那就只有按前面的4条要诀行动,静观其变,等待对方犯错误了。

最后这两条简单的取胜方法,道理何在呢? 作为习题,请你动动脑筋。

答案:如果石子总数是$4k+3$颗$(3,7,11,\cdots)$,对方先拿。你的拿法是:他拿多少,你拿多少。这样每一个回合,剩下的石子减少4颗或2颗,最后可能剩下3颗或1颗。如果剩3颗,说明两人一共拿了$4k$颗,每人都有$2k$颗。你手中是偶数,该他拿,无论如何,你总能拿到3颗中的1颗。如果剩1颗,说明每人手中已有$2k+1$颗石子,最后一颗是他的,他当然输了。

如果石子总数是$4k+1$颗$(5,9,13,\cdots)$,你先拿。拿掉2颗之后,石子数变成$4(k-1)+3$颗,就回到刚才研究过的情形了。

镜子里的几何问题

用一面镜子照照自己。如果镜子太小，你就看不见自己的整张面孔。换一面大点的镜子，可以看见整个头部了，还能看见自己的上半身。如果想看到全身，镜子还得再大点。

这时，一位同学从你背后走来。你在镜子里看到了他；看到的居然不是半身，而是全身！这有点怪。为什么看不到自己的全身呢？

也许是因为离镜面近了些吧，所以看不见全身。现在你离远一点，结果还是不行。不管你离镜子多远，你所看到的镜子里的你，仍然是你自己的一部分。

要想看到自己的全身，镜子要再大一些。要多大才行呢？

是不是要和你一样高呢？其实不用那么大。镜子的高度有你身高的一半就行了。

道理很简单。看看图 42，AB 是你，镜子里的你是 $A'B'$，镜面是 PQ。你离镜面多远，镜子里的你离镜面也是那么远。你站直了，镜子里的你也站直了。镜子直立着，所以 PQ 和 $A'B'$ 是平行的。你的眼睛是 E，P 是线段 EA' 的中点，Q 是 EB' 的中点。平面几何里有一条十分有用的定理：三角形两边中点连成的线段，长度是第三边的一半。所以 PQ

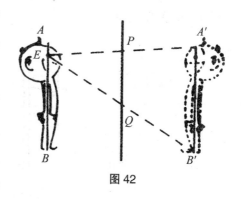

图 42

应当是 $A'B'$ 的一半，也就是你身高的一半。再小，你的视线就过不去了。

要是你斜靠在一块板上，如图 43，情况就不同了。E 点仍是眼睛，这时 PQ 就比 $A'B'$ 的一半大。你要是倒过来，头朝下斜靠着，D 是眼睛，镜子的长 MN 可以比 $A'B'$ 的一半小。不过，你肯定不喜欢这么照镜子。

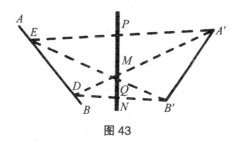

图 43

为什么你能看见镜子里的同学呢？看图 44 就明白了。这一次 AB 和 $A'B'$ 表示你的同学和他的镜中像。E 还是你的眼睛。你看，PQ 比 $A'B'$ 的一半要小多了。你的同学离镜子越远，你的眼睛离镜面越近，所需的镜子长度 PQ 越小。利用相似三角形的几何知识，只要知道了你的同学到镜面的距离和你自己到镜面的距离，就很容易求出

PQ 与 AB 的比。事实上：

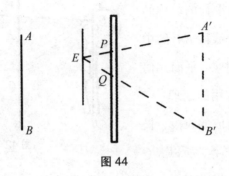

图 44

$$\frac{E\ 到镜面距离}{E\ 到镜面距离 + AB\ 到镜面距离} = \frac{PQ}{AB}$$

如果你房间的墙上有一面大镜子,你走动时,镜中的你也在走动;你朝他走去,他就向你走来。你沿着墙走,他跟着你走。当你走到墙角,如果墙角是由两面大镜子构成,就会发生一个有趣的现象:在镜子里,恰在墙角的地方,有你的影像。不管你怎样走动,镜角里的你总在镜角处。把角缝比作一株树的树干,那镜里的你现在不但不跟你走,反而在和你捉迷藏。你向左动一动,他向右动一动;你向右,他又向左。他总躲在"树"后,使你、他和树保持在一条直线上(如图 45)!

图 45

原来，在角上的影像，是两次镜面反射的结果。如图46，物体A在镜子l_1里成像为B，B又在镜子l_2里二次成像为C。另一方面，A在镜子l_2里成像为D，D在镜子l_1里又二次成像为C'，C'的位置恰与C重合。不管A的位置如何变动，$ABCD$始终是一个长方形，而长方形的中心O就是镜子所成的角棱与地面的交点。物体A与镜中镜的像连成的直线一定要通过点O，怪不得你的镜中像一直躲在角棱的后面！

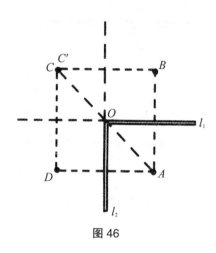

图 46

通常照镜子，你的右手在镜中是你的左手。在镜角处，却不是这样。你的右手在镜中仍是你的右手。这是两次反射的结果。

在图46中，物体A和镜中像B一起组成轴对称图形，直线l_1是对称轴；而A和C则组成中心对称图形，O是对称中心。

从图形A变成图形B，这种变换叫作反射；确切地说，叫作关于直线l的反射。如果考虑的不是平面情形，而是空间情形，l实际上不是直线，它代表平面——镜面，便说图形A经过平面l的反射变成图形 B。

有不少几何问题,能用反射的技巧解决。图 47 是一个简单的例子:从 A 点出发到河边取水后回到 B 点(设河边是直线 l),怎样走使总路程最短?

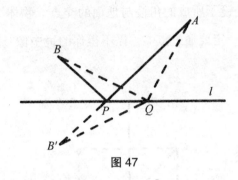

图 47

解法很简单:以 l 为轴把 B 反射过去成为 B′。联结直线 AB′ 和 l 交于 P,P 点就是最短路程的取水处。要不,换一点 Q 比一比就知道了。

用反射的方法也能解决相当难的几何问题。有名的法格乃诺问题,就可以用反射法解决。

法格乃诺是 18 世纪意大利数学家。他提出的问题是:

设 △ABC 是锐角三角形。在 3 边上各取一点 X,Y,Z,怎样使 △XYZ 周长最小?

设 Z 是 AB 边上任一点。以 BC 为轴线把 Z 反射过去成为 H,以 AC 为轴线把 Z 反射过去成为 K(图 48)。直线 HK 和 BC,AC 分别交于 X,Y,因此

$$ZX + XY + YZ = HX + XY + YK = HK$$

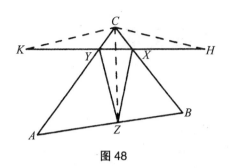

图48

所以,以 Z 为一个顶点的内接三角形中,△XYZ 周长最短(只要再找任两点 X_1,Y_1,比一下就知道了)。

刚才是固定了 Z 来思考的。如果 Z 在变化,怎样使△XYZ 周长最短呢? 这个问题请你思考一下。

从这个问题我们可以证得一个有名的定理:锐角三角形周长最短的内接三角形是它的垂足三角形。

在"代"字上做文章

代数比算术高明,就高明在一个"代"字上。用字母来代替数,会使我们大开眼界。

用字母表示未知数,我们就有了解应用题的有力武器——方程。

用字母表示任意数,我们就有了各种各样的公式、恒等式、不等式。

在解题的时候,如果你对"代"字深有体会,适当"代"一下,往往可以收到意想不到的效果。

有这样一道题:

例1 已知方程 $ax^2+6x+c=0(a,c\neq0)$ 的两根为 x_1,x_2,试写出以 $\dfrac{1}{x_1},\dfrac{1}{x_2}$ 为两根的二次方程。

这道题有多种解法。有的同学老老实实用公式求出 x_1, x_2,再算出 $\dfrac{1}{x_1},\dfrac{1}{x_2}$,并利用 $(x-\dfrac{1}{x_1})(x-\dfrac{1}{x_2})$ 展开找到所要的方程。有的同学不用解方程的方法,而用韦达定理求出:

$$\frac{1}{x_1} + \frac{1}{x_2} = \frac{x_1 + x_2}{x_1 x_2} = -\frac{b}{a} \div \frac{c}{a} = \frac{-b}{c}$$

$$\frac{1}{x_1} \cdot \frac{1}{x_2} = \frac{1}{x_1 x_2} = \frac{a}{c}$$

然后用根与系数的关系写出要求的方程:

$$x^2 + \frac{bx}{c} + \frac{a}{c} = 0$$

有的同学则更妙,用"代"的方法,设所要求的方程中的未知数为 y,则 y 与原方程中的 x 互为倒数,即 $x = \frac{1}{y}$。把它代入原方程,得到

$$a\left(\frac{1}{y}\right)^2 + b\left(\frac{1}{y}\right) + c = 0$$

去分母得到

$$cy^2 + by + a = 0$$

这就是 y 应当满足的二次方程!(注意,因为 $a, c \neq 0$,故 x, y 都不会是 0。)

用"代"的方法,我们还能解不少类似的题目。比如要作一个一元二次方程,使它的根是方程 $x^2 + 3x - 2 = 0$ 的根的 3 倍,怎么办? 好办,设 $y = 3x$,则 $x = \frac{y}{3}$,代进去一整理,便得到 $\frac{y^2}{9} + y - 2 = 0$,也就是 $y^2 + 9y - 18 = 0$。这就是所求的方程。

要作一个二次方程,使它的两根分别是方程 $x^2 + px + q = 0$ 两根的平方,怎么办呢? 只要设 $y = x^2$,则 $x = \pm\sqrt{y}$,同样可以代进去。但是,这样要用到根式,麻烦。可以变通一下,把原方程移项变成 $x^2 + q = -px$,两边平方得

$$(x^2)^2 + 2qx^2 + q^2 = p^2 x^2$$

再用 $x^2=y$ 代进去,得到方程 $y^2+(2q-p^2)y+q^2=0$。

要是所求方程的两根分别是方程 $x^2+px+q=0$ 两根的立方,又该怎么办呢?

第一步:由原方程得

$$x^2=-px-q \tag{1}$$

两端乘 x,

$$x^3=-px^2-qx \tag{2}$$

第二步:把(1)式代入(2)式右边的第一项里:

$$x^3=-p(-px-q)-qx=(p^2-q)x+pq$$

也就是 $y=(p^2-q)x+pq$,故 $x=\dfrac{y-pq}{p^2-q}$,代到原方程里,就得到 y 应当满足的方程。要留心的是,用 p^2-q 做分母是不是合理,p^2-q 什么时候是 0。

代,对解方程也有帮助。一位学物理的大学生,碰到一个方程可以化成四次方程,但是很麻烦。这可把他给难住了。我们来看看这个方程:

例 2 证明方程 $\dfrac{1}{x^2}+\dfrac{1}{(x-a)^2}=\dfrac{1}{b_2}$ 的根,在任何条件下全是实的。

要是直接进行有理化,就成了一个四次方程。如果仔细观察一下,把分母的样子变得对称一些,便会给解题带来方便。

设 $x=y+\dfrac{a}{2}$,代进原方程就是:

$$\dfrac{1}{(y+\dfrac{a}{2})^2}+\dfrac{1}{(y-\dfrac{a}{2})^2}=\dfrac{1}{b^2}$$

这样的方程去分母后变成:

$$2y^2 + \frac{a^2}{2} = \frac{1}{b^2}(y^2 - \frac{a^2}{4})^2$$

这是一个特殊形式的四次方程,用 $y^2 = z$ 代换可以化成二次方程。下一步怎么做,你一定会了。最后的解答是:$\Delta = a^2 + b^2 \geqslant 0$,即什么条件下方程的根都是实的。

像这样用代换使式子出现对称形的方法,用处可不小。例如,要证明当 $0 \leqslant x \leqslant 1$ 时,有不等式 $x(1-x) \leqslant \frac{1}{4}$,就可以设 $x = \frac{1}{2} + y$,因为 $0 \leqslant x \leqslant 1$,故 $-\frac{1}{2} \leqslant y \leqslant \frac{1}{2}$,把 $x = \frac{1}{2} + y$ 代入:

$$x(1-x) = (\frac{1}{2} + y)(\frac{1}{2} - y) = \frac{1}{4} - y^2 \leqslant \frac{1}{4}$$

一下子便出来了。

用"代"的方法还可以从一个平平常常的事实出发,推出一些有用的、不那么明显的式子。例如,若 A 是实数,总有 $A^2 \geqslant 0$,用 $A = x - y$ 代入,得 $(x-y)^2 \geqslant 0$,展开之后便是 $x^2 - 2xy + y^2 \geqslant 0$,也就是 $x^2 + y^2 \geqslant 2xy$。当 $xy > 0$ 时,把 xy 除过来便是

$$\frac{x}{y} + \frac{y}{x} \geqslant 2$$

这就不太明显了。如果在不等式 $x^2 + y^2 \geqslant 2xy$ 中,用 $x^2 = a$,$y^2 = b$ 代入,便得 $\frac{a+b}{2} \geqslant \sqrt{ab}$,这就是用处很多的"平均不等式"!

刚才说的都是用字母代替字母,有时在一个公式里用数代替字母也有用处。一位同学在分解因式时,把公式

$$x^3 + y^3 = (x+y)(x^2 - xy + y^2)$$

错记成

$$x^3 + y^3 = (x+y)(x^2 + xy - y^2)$$

他觉得不对,但是又不能肯定,便设 $x=0$, $y=1$ 代进去试,发现左边是 1,右边是 -1,马上肯定是记错了。

但是要注意,这样验证公式,如果两端相等,并不能断定公式没记错。比如,如果他设 $x=1$, $y=0$ 代进去,两边都是 1,也就发现不了错误。比较可靠的方法是,用字母代替记不准的地方,比方写成:

$$x^3 + y^3 = (x+y)(x^2 + axy + by^2)$$

设 $x=0$, $y=1$ 代入,可求得 $b=1$。又设 $x=1$, $y=1$ 代入,得

$$2 = 2 \times (1 + a + 1)$$

所以 $a=-1$。这样就把公式找回来了。

这个办法对记公式、恒等式很有用。

总之,"代"的方法,用处很广。它可以把已知与未知联系起来,把普遍与特殊联系起来,把复杂的式子变得简单而易于观察,把平凡的事实弄得花样翻新便于应用。在学代数、解代数题时,不要忘了在"代"字上多下功夫。

计算机的"绝活"是什么

现在计算机已经普及了。许多同学都会操作计算机，没有操作过的也都看过别人怎样操作计算机。最幼小的孩子也都听说过计算机的本领：计算机会加减乘除，会自动解题，还会画画；如果把计算机安在机器人的头上，机器人会干活；如果把计算机安在导弹的"头"上，导弹会自动寻找目标……计算机的确了不起。

那么，计算机为什么会有这么大的本领？它真正的奥秘是什么？我们的回答是：计算机的奥秘就是一个"快"字。听了这个回答，许多人不以为然，觉得"快"算不得什么真本领——马比人跑得快，可是马的本领没有人大。

下面，让我们举个例子说明，"快"就能做出惊人的事。一个学生叫李明，他带了 300 元钱到市场上去买光盘。别人告诉他，这个市场上小偷很多。于是他始终小心谨慎地把手插在裤兜里握着钱。走着走着，一只小虫子碰了他的眼角一下。李明抬手揉一下眼睛的工夫，兜里的钱没了。李明此行虽然没有买到光盘,却体验了"快"的威力。

当然这个例子是个玩笑,可是玩笑中往往包含着许多道理。下面是一位物理学家的玩笑。他说"快"可以让历史重演。大多数人听了都会觉得这位物理学家是在侃大山,吹牛皮。不过在责怪他之前,我们最好先听听他的故事。

譬如我们现在想看看古代原始人的居住环境和生活动态,怎么办呢?原始人并不知道现代的商店里可以买到摄像机,他们也就没有为我们后代留下一个镜头。时至今日,到哪里去为原始人拍摄镜头呢?

摄像机拍摄景物的过程是这样的:先由太阳(或其他光源)把光线射到景物上,经过反射,景物上的光线到达摄像机上,于是在摄像机磁带上留下了明暗和色彩各异的图像。当时,原始人的面前虽然没有架着一台摄像机,但从他们身上反射出来的光线总还是有的,而且这些反射光在太空中沿着直线一直还在传播着。如果某个记者拥有一艘超光速的飞船,派他去追赶那些光线,跑到那些光线的前面,架起摄像机,就能把古代原始人的镜头摄下来。通过电台一播放,大家就可以看到我们老祖宗当时的生活片段了。

这也是一个玩笑,因为人类至今还没有发现比光更快的速度,更谈不上造一艘超光速的飞船了。然而这至少让我们品味到,"快"会产生许多我们意想不到的结果。

下面举一个走迷宫例子。人家给你设计了一个迷宫,也许你走了一个多钟点还走不出来;甚至整整走了一天,由于过度的疲劳而认输。但是,计算机可以在几秒钟内就走通。计算机是怎么走的呢?

随便你怎么画迷宫，画出来的通道和岔口总是有限的。计算机用的是最笨的方法：它把所有可能的岔口和路径都走了一遍，最后终于从某条路径走通了。表面上，计算机给人的印象是有"灵性"（即智能性）。当它宣告胜利的时候，知根知底的人并不佩服它的聪明，但佩服它的速度。

通过这些故事和例子，也许在你的脑子里已建立起一个新概念：只要速度快到一定的程度，天下许多难事都是有希望解决的。

计算机是怎样工作的

虽然计算机的速度非常快,但是它毕竟是个"死"的东西;要它干活,你就必须告诉它怎么干。例如一台电脑的屏幕横向有 640 个点,纵向有 400 个点。若把屏幕看作直角坐标系的第一象限,为了与通常的直角坐标系完全一致,我们把原点定在左下角处。屏幕的最下面一行叫作第 0 行,最上面一行叫作第 639 行;屏幕最左列叫作第 0 列,最右列叫作第 399 列。现在想画一个圆周的四分之一部分,圆心定在左下角的原点处,其坐标是(0,0),半径定为 80 个点,颜色定为红色。要画这样的圆周,你就得告诉计算机,在屏幕的第几行第几列的交叉点处显示一个红点,而且你至少得告诉它近 120 个点的位置。

如果我们有工夫跟计算机说 120 句话,恐怕我们自己用圆规早就把这个圆周画出来了。虽然计算机显示亮点的动作快,但它老得在那里等着我们说话。能不能把计算机速度快的特点进一步利用起来,把我们跟它说的 120 句话也由计算机来替我们说呢?

设圆周上点的坐标是(a,b),假定现在从圆周的北极点逆时针方向画一小段圆周。首先北极点的坐标为$(0,80)$,即$a=0$,$b=80$,此时,a,b,r(半径)适合勾股定理:

$$a^2+b^2-r^2=0,\ 0^2+80^2-80^2=0$$

下一步让横坐标增加1,即a从0变到1,根据勾股定理有

$$b=\sqrt{r^2-a^2}$$

此时,$b=\sqrt{6400-1}=\sqrt{6399}$。要让计算机自己算出6399的平方根的近似值也不困难,但是没有必要那样精确,因为屏幕上的点坐标只能取整数值,所以也只能为b选取一个合适的整数。

从北极点出发,当a增加时,b应该减少。但是从上面的算式中可以看出,当a增加了1,b并不一定减少1;实际上,b只减少了零点零几。那么b取原来的值80好呢,还是取79好呢?此时存在两种选择,应该让计算机自己把b的两种可能的值80、79分别代入公式中算一算:

$$(1^2+80^2)-80^2=1$$

$$(1^2+79^2)-80^2=-158$$

显然前者误差小,后者误差大,此时计算机自己就知道b该选哪个值了。

当a再增加1时,即$a=2$时,仍然要判断一下,采用原来的b好还是让b减少1好,再次算一算:

$$(2^2+80^2)-80^2=4$$

$$(2^2+79^2)-80^2=-155$$

计算机照样能判断,还是b保持原数好,即$a=2$时,$b=80$。

就这样，计算机每次亮完一个点，a 就自动增加 1，接着计算机就把原来的 b 和 $b-1$ 代入公式中算一算，看看哪一个结果误差小，就选用哪一个 b。

依此进行下去，计算机画完一个点，它自己就会判断下一个点应该画在哪里，无须人在一旁絮絮叨叨说个没完。

细心的同学一定还会问两个问题：第一，计算机会算这些算式吗？第二，嘱咐计算机的话它能听得懂吗？这个问题说来话长，我们不打算在此细细讨论，只是粗略地告诉大家。第一个问题，我们从日常见到的掌上计算器里已经看到，计算机做加减乘除可是个行家，你不必为它担心。第二个问题，计算机可以听懂一百多个机器语汇，你只需把嘱咐的话尽可能数学化，它就能听懂了。关键的问题是你得有相当的数学水平。你如果自己都不知道如何运用勾股定理，更无法叫机器去画圆了——还是那句老话：马跑得再快也没有人的本事大。

古代一位国王，在一次庆典大会上观看赛马时宣布：谁的马跑得快将奖给 10 两黄金。两名赛手甲和乙出场之后，甲暗暗地想：自己的马比乙的马跑得快，准能获胜。这次是国王亲自牵来了他们的马。比赛的炮声响过之后，正当大家期望着奔腾飞越的场面出现的时候，乙却根本没有勒紧缰绳让马跑。原来国王把他们的马牵错了，甲骑的是乙的马，而乙骑的是甲的马，最后是甲先到目的地，黄金却奖给了乙的马。这场比赛，最终还是以智取胜，不以快取胜。

虽然"快"是一个很得意的工具，但是最关键的是如何利用这个"快"；在不同的场合有不同的用法，运用得当才可取胜。大自然本身就像一个大迷宫，它的通道和岔口有无限多个，要指望计算机这个大笨蛋走遍所有的路径就会大失所望。譬如天气预报，破译密码……人们总嫌计算机干得太慢。科学家正从两个方面入手，一方面继续提高计算机的速度，另一方面研究和探讨更好的算法。前者给人类提供的便利是相对的，而后者给人类提供的便利是永恒的！真正驾驭计算机的还是数学。

数学的野心

　　上面我们说到，要真正驾驭计算机得具备相当的数学水平。可是学数学并不单单是为了开发计算机。在计算机诞生之前，数学在科学事业上的贡献早就已经为人类所叹服。正因为此，作为天文学家、物理学家和数学家的高斯才说"数学是科学的皇后"。

　　1781 年以前，人类只知道 6 颗行星：水星、金星、地球、火星、木星和土星。后来天文学家对这些行星与太阳的距离，经过一些数学变换之后作排队时发现，在火星和木星之间存在一个空档，因此预测两者之间应该还有未知的行星。经过 20 年的寻找，终于找到了第一颗小行星——谷神星。到现在，人类已经从这个空档中找到了 2000 多颗小行星。

　　1886 年，德国化学家温克勒找到了一种新的化学元素——锗，他用实验测出锗的原子量、密度和其他一些属性。而在 15 年以前，俄国化学家门捷列夫在他的化学元素周期表上，早已准确地计算出了这个尚未"出世"的新元素的有关数据。从此人们开始有目的地把一大群在周期表上露了面却不被人类所知晓的元素发掘出来。

1864 年,物理学家麦克斯韦发表了电磁场理论。他的理论实际上就是一组数学方程式,用麦克斯韦方程组可以推断出"光也是一种电磁波"。当时的物理学家很少有人能认同他的学说,在他晚年听他讲课的只有 2 名研究生。20 多年之后,也就是在麦克斯韦去世 10 年后,赫兹才用实验证实了电磁波的存在。

1905 年和 1915 年,爱因斯坦相继发表了他的狭义相对论和广义相对论。从他的一堆数学公式中可以算出,光线经过太阳旁边射到地球时,光线将因太阳的引力作用而偏离原直线轨道 1.75 秒。从 1919 年开始,科学家就不断地利用日食机会实地观测,所测到的平均值是 1.89 秒;到 1964 年,才有科学家用雷达实验的方法做出最精确的测量。而爱因斯坦预先算出的数据和实测的数据以小数点之后 3 位数的精确度相吻合。足足花了 50 年,科学家们才证实纸上算出来的结果。

许多重大的科学成就,似乎都像是用数学公式算出来的。从发展的趋势来看,数学在各门学科当中的作用是越来越重要。

人类文明发展的一个重要标志就是语言。有了语言,作为社会中的人,人与人之间就可以互相进行交流了。人,除了作为社会中的人之外,同时又是自然中的人。能不能在人和自然之间也建立一种交流呢?

远在古代,很早就有人注意到这件事。我国战国时代的庄子和他的朋友惠施在濠水桥上观鱼,庄子看着鱼儿在水中游来游去说:"它们游得真快活呀！"他的朋友惠施说："你不是鱼，怎么知道它们是快活的？"庄子回答说："你不是我，怎么知道我不了解鱼呢！"这就提出了一个问题：人是否可以与鱼交流感情？

计算机首先做到了人和机器能够面对面地进行对话。科学家受此启发，展开了一个更宏大的目标：人要和物质世界进行对话。现代科学家已经证明人和动物是可以沟通的。对牛弹琴，牛也能体会。甚至人和植物也是可以沟通的。如在温室里种养木耳，如果定期在温室里制造雷鸣电闪的效果，木耳的生长就会有大幅度的增长。这些"出嫁"到异地的植物，它们还是特别喜欢听到"娘家人"的"乡音"。

近年来，生物学家所搞的生物工程，就是要通过破译遗传密码，达到与未来生命之间的对话。

日本一位科学家还把圆周率"π"中的数字编成音符，通过电台的电波发射到太空中去，看看有没有太空人回应。同样地，人类一旦从太空中收到类似的电波，也会欣喜若狂的。虽然电波不能告诉我们太空人一定存在，至少我们可以肯定，太空存在着一种超越我们现有理解水平的"灵性"物质。

各学科都在设计本学科内的数学模型，其目的就是用数学作为语言，与自己的研究对象进行对话。

不当数学家

　　喜欢数学的同学看了上一节一定感到很兴奋，但是不喜欢数学的同学看了可能反而觉得累得慌。也许会有人说：我长大了，不想当数学家，要当一个画家。其实几十年前，时任国际数学家大会主席就说过，世界上真正需要的数学家有 100 个就够了。看来他也赞同大家不要去当数学家。但是每个人必须学数学，懂数学，即使你当画家也需要懂数学。

　　譬如你要画一座博物馆大厅的走廊。走廊纵深的线条实际上是一些平行线组成的，然而在画面上表现出来的是不平行的，画面上的平行线在远处相交于一个点，只有这样看起来才有深邃的感觉。同样，所有柱子的线条也是平行的，出现在画面上也像在某个高高的点处，它们就汇聚在一起了，这就造成了视觉上高耸的感觉。在立体空间中，除了前后和上下这两个方向外，还有一个第三维——左右方向。走廊中的横梁线条都是这个方向上的平行线，它们也像是由某一个较远的点发射出来的。三维空间有三组平行线，同方向的一组平行线都相交于同一个点，总共有三个交点。各个方向的平行线都好像是由这三个"光源"发射出来的光线。在射影几何学中就有这样一个定理，说明这三个"光源"必在一条直线上。

喜欢画画的同学们，不知道你们平时注意到上面这个事实没有，当然有许多人通过多次画画的经验，也许已经掌握了这个原则。如果你不遵循这个原则，恐怕画出来的走廊，让人看了之后，会替它产生坍塌的担忧。

再如"黄金分割"，古希腊时代的艺术家就已经发现了。当你要画1米长的人体，只有把肚脐的位置定在0.618米处，人的身材才显得最匀称。这个分割数（点）0.618是怎么算出来的呢？

假定你画一个竖放着的长方形，长方形的高度设为1，宽度设为 $a(\frac{1}{2}<a<1)$，它的长宽比是 $1:a$。当你把这个长方形的下半部截去一个正方形（长边宽边都是 a 的正方形），那么，上面剩下的一块自然还是一个长方形。不过这个长方形的宽度是 a，高度是 $1-a$，因为 $a>1-a$，像一块横放的长方形。这块长方形的长边和短边的比值是 $a:(1-a)$。如果我们希望这块横放着的长方形和原来竖放着的长方形还保持着相似的形状，也就是想让截剩的这块长方形其长宽比还是 $1:a$，那就得满足关系式：

$$a:(1-a)=1:a$$

改写一下这个式子，就得到 a 所满足的方程式：

$$a^2+a-1=0$$

用配方的方法,把上式可以改写为:

$$a^2 + a + \frac{1}{4} = \frac{5}{4} \quad \text{或} \quad (a + \frac{1}{2})^2 = \frac{5}{4} = (\frac{\sqrt{5}}{2})^2$$

因为只求一个正的 a, $a = \frac{\sqrt{5}}{2} - \frac{1}{2} \approx 0.618$。

可能会有人这样想:既然你已经把这个数算出来了,我只要记住这个数就行了。

不行。

你不但要知道这个 0.618 是怎么算出来的,而且你还要进一步去想,前面所述截剩而横放的长方形如果再照刚才的办法从右边又截去一块正方形,会怎么样呢?此时,左上角留下的还是一个长方形。这块长方形也还和原来那两块长方形相似。因为两块相似的长方形,做过相似的"手术"之后,剩下的应当还是相似的,只不过二者的大小不同而已。如此不断地切除掉一个正方形之后,所剩的长方形统统都相似。原来它们是竖一块横一块可以无限交替进行下去的,看起来好似渐渐远移的门框。想到了这一步,你的艺术灵感就来了。将一张白纸铺在桌面上,当你什么还没有画的时候,一个无限更替,具有生命跳动气息的画框已经在画纸上油然出现。

精明的读者或许会追问:在上面的叙述当中,你并没有证明 0.618 是"黄金分割点"。说老实话,我们根本证明不了这个结论。迄今为止,人类对于"美"这个概念尚未给出一个确切的定义,更无从谈到证明什么是"美"了。但是人类注意到下面这些事实:

一颗五角星,如果是用五根一样长的(设长度为 1)的细木条搭建起来的,那么每根木条都会与其他四根木条有一个搭界之处(相交之处），其中有两个交点在这根木条的两个端点处，而其余两个交点正好在木条的 0.618 处（从左右两边来看）。

许多植物的枝叶，绕主茎螺旋式地向上生长时，相邻叶枝转过去的角度总是 137.5°。这个角度就是一个圆周角的 0.618 倍的度数。

有人算了算，在自然界中，植物、动物、建筑、音乐等领域出现 0.618 的地方逾千种。深谙数学内涵的艺术家，就是从这些大自然的数学表情中，读懂了美的数字——黄金分割数。由此可见，艺术家对数学的体会程度，也很影响他的创作灵感。近年许多三维动画的设计

家，他们在境界上之所以具有创新的绝招，往往也都来源于高深的数学修养。

古代的数字

如果你没有学过怎样写数字,要你在纸上画些记号,用这些记号帮你记住桌子上有几个苹果,你该怎么办呢?

这容易办:另在纸上画一道或一点表示一个,两道或两点表示两个,有几个苹果就画几道或点几点。如果不怕麻烦,也可以画圈。

古巴比伦人的数字就是这样:用 5 个点表示 5,8 个点表示 8,9 个点表示 9。画的点上大下小好像一枚钉子("▼")。点太多了就看不清,所以专门用一个类似小于号的记号"◀"表示 10。50 则由 5 个"◀"组成。因为是 60 进位,所以表示 1 的记号又被用来表示 60。用这个方法,数太大了就混淆不清,必须要配上文字说明。

古埃及的数字比古巴比伦的简单一些,但仍比你今天用的数字难写得多。他们要表示 1000,就画一个双手举起的人。这叫作象形数字。

古罗马用大写拉丁字母代表数。I 是 1,V 是 5,X 是 10,L 是 50,

C,D,M 分别表示 100,500,1000。一个数字重复几次,就是它的几倍,如Ⅱ是 2,Ⅲ是 3,MM 是 2000。大数右边写个小数表示相加,左边写个小数表示相减。例如ⅫⅠ是 12,Ⅳ是 4。数字上面画一横表示它的 1000 倍,如 $\overline{\text{M}}$ 表示 1000 的 1000 倍,即 1000000。

我们中国古代用的数字和今天的汉字一、二、三、四、五等差别不大。另外,还有一套大写的数字:

零 壹 贰 叁 肆 伍 陆 柒 捌 玖 ……

0 1 2 3 4 5 6 7 8 9 ……

这套数字直到今天仍被用于财务工作中。因为大写的字笔画多,不好涂改。

古印度数字出现得较晚,后来经过了多次变化。然而它后来居上,现在世界通用的阿拉伯数字,正是以古印度数字为基础发展而成的。原因何在?除了写法简单之外,还由于古印度人和咱们的祖先一样,给从 1 到 9 的每个数都制定了不同的记号。

记　数　法

　　在黑板上记选票，一票画一道。道道画得多了，很难一眼看清，就采用了写"正"字的办法。一个"正"字是 5 画，表示 5 票。用"正"字来记数是一个小发明。

　　既然可以用一个"正"字代表 5，当然也可以用别的更简单的记号代表比 5 更大的数。中国的"十""百""千"，罗马的 V，C，M（表示 5，50，1000），不是早就创造出来了吗？

　　数是无穷无尽的，代表数的符号却只有那么不多的几个或十几个，怎么办呢？只有把几个符号拼凑在一起来表示更多的数。这就要有个规则。记数的规则就是记数法。

　　最容易想到的是简单地把几个符号各自代表的数加起来。古埃及人用∩表示 10，用 | 表示 1，那么，∩∩|||| 就表示 24，叫作"组合记数法"。按照这种办法，4563 用咱们中国数字表示，就要写成

千千千千百百百百百十十十十十十三三三

组合记数法太辛苦，得想个改良它的办法。容易想到用列表的办法来简化：4563 可表示成

千	百	十	个
四	五	六	三

这种列表的方法，至今银行的存款单上还在用。

习惯了列表法，把表头省掉，便成了

四	五	六	三

要是再把方格省掉，便成了"四五六三"。但是这里有一个问题：4560 本来是

四	五	六	

去掉了方格，就是"四五六"，岂不和 456 分不清了吗？确是如此！古巴比伦的记数法里用的是六十进位，他们分不清"▼"是 60 还是 3600。如"▼◀◀"既可以是 60＋20，表示 80，也可以是 3600＋20，表示 3620。因而非另加说明不可！

变通的办法是：空格不能省略！这样一来

四	五	六	

可以简记成"四五六□"。

最初采用这种简化记号的无名英雄，他自己万万没想到，他为人类的科学发展做出了划时代的贡献。只要把不好画的□变成好画的 0，一个新数"0"就诞生了，方便的记数法也就完成了！剩下的不过是

把"四""五""六"换成好写的 4,5,6 而已。

我们现在用的记数法叫位值法。也就是说，一个数字究竟代表多大，与它的地位有关。在"333"当中，第一个"3"表示 300,第二个是 30,第三个仅仅是 3。在位值记数法里，表示空位的"0"断不可少。

比起组合记数法，位值法真是高明多了。按照位值法，每个数只有一种记法，每种数字组合只表示一个数。

更重要的是，用位值法记数，四则运算的法则很简单。古代，算术在某些国家是一门高深的学问；现在，小学生也都能很顺利地学会了。

值得提一句的是，人类从开始记数到使用 0,中间经过了几千年！早期数学的发展是多么缓慢、艰难！

通常认为，"0"是印度人的贡献。公元前 200 年，印度已经用 0 表示空位。在公元前 3 世纪印度的书中，已把 0 当成数字，并且表述了关于 0 的运算法则。

有没有更简单的记数方法

八点五十五分可以说成九点差五分，而且更清楚。这启发人们利用减法可以改进现行的记数方法。

早在1726年，就有人建议过一种加减记数法。这种记数法不要6,7,8,9这几个数字,9用10减1表示,写成 $1\bar{1}$,8就是 $1\bar{2}$,7是 $1\bar{3}$,6是 $1\bar{4}$。总之,数字上画一杠表示减去它。按这个方法:

498写成 $50\bar{2}$, $50\bar{2} = 500 - 2$;

7683写成 $1\bar{2}3\bar{2}3$, $1\bar{2}3\bar{2}3 = 10000 - 2320 + 3$。

这种方法的好处是:

(1)减少了四个数码,识数、做基本的加法都容易了。

(2)乘法口诀本来是36句(1的乘法口诀不算),现在只有10句:

$2 \times 2 = 4$, $2 \times 3 = 1\bar{4}$, $2 \times 4 = 1\bar{2}$, $2 \times 5 = 10$,

$3 \times 3 = 1\bar{1}$, $3 \times 4 = 12$, $3 \times 5 = 15$,

$4 \times 4 = 2\bar{4}$, $4 \times 5 = 20$, $5 \times 5 = 25$

（3）加法和减法是一回事了。例如：

$$52\overline{3}\overline{1} - \overline{3}2\overline{4}\overline{1} = 52\overline{3}\overline{1} + \overline{3}2\overline{4}\overline{1} = 203\overline{2}$$

这样，从学习加法起，就要学习正负数运算方法，把背九九表、学减法借位的工夫用来学习负数，为代数做准备，要合算得多。

（4）多个数连加或加减混合运算，由于正负相抵，变简单了。如下举例

现在的方法	改进的方法
308	$31\overline{2}$
199	$20\overline{1}$
196	$20\overline{4}$
202	202
+ 203	+ 203
1108	$111\overline{2}$

（5）在近似计算时，没有"四舍五入"的规则了。代替它的是简单地截去尾巴。如 2.0586，取两位有效数字是 2.1，三位是 2.06，四位是 2.059；在改良的计数法中，对应的 $2.141\overline{4}$，取两位是 2.1，三位是 $2.1\overline{4}$，四位是 $2.14\overline{1}$。

新记数法中乘法和除法又是怎样进行的呢？请自己想一想。

可惜的是，现行的十进制记数法在地球上已经太普及了，要改，将要付出巨大的代价，会引起广泛的混乱。因此，这个方案也许永远只能是纸上谈兵而已。

负　数

记账的时候,要把收入与支出区别开。区分的办法很多,如:

第一,写清楚"收入 100 元","支出 50 元"。

第二,收入写在一格,支出写在另一格。

第三,黑字表示收入,红字表示支出。

第四,在支出的钱数前面写个"−"号,表示从总存款数中减去了这一笔。

这些办法,都被会计师采用过。它们各有优点,各适用于不同的场合。要说简单快捷,则数最后这个办法。

当人们最初想到这种简单的记账方法的时候,他们实际上已经创造了一种新的数——负数。

最早使用负数的是咱们中国。公元 1 世纪已经成书的《九章算术》里,系统地讲述了负数概念和运算法则。书里用红字表示正数,用绿字表示负数。印度人在 7 世纪开始用负数表示债务。在欧洲,直到 17 世纪,还有很多数学家不承认负数是数呢!

　　我们常常碰到意义相反的量:前进多少里与后退多少里,温度是零上多少度或零下多少度,结算账目时盈余多少元或亏欠多少元,公元前多少年或公元后多少年……有了负数,区别意义相反的量变得十分方便,计算数之间的减法也就更加简单了。

度量衡与分数

如果仅仅需要记下或计算多少个人、多少头牛、多少条鱼,自然数当然已经足够。

一旦要知道一块地的面积,一段绳子的长度,或者要把一块肉分成重量相等的几份,自然数就不够用了。可见,人们在生产和生活中开始使用尺子、量器和秤的时候,分数就一定会应运而生。

中国古代的数学著作《九章算术》里,最早论述了分数运算的系统方法。这在印度

出现于 7 世纪,比我国晚 400 多年;欧洲则更晚了。

分数的基本性质和运算规律是:

(1)当 m、n 是整数,$n \neq 0$ 时,$\frac{m}{n}$ 是一个分数。

(2)当 $m=0$ 时,$\frac{m}{n}=0$;当 $n=1$ 时,$\frac{m}{n}=m$。

(3)如果 $mk=nl$,并且 k 和 n 都不是 0,就说 $\frac{m}{n}=\frac{l}{k}$。

(4)如果 $mk<nl$,并且 k 和 n 都是正数,就说 $\frac{m}{n}<\frac{l}{k}$。

(5)$\frac{m}{n} \pm \frac{l}{k} = \frac{mk \pm nl}{nk}$。

(6)$\frac{m}{n} \times \frac{l}{k} = \frac{ml}{nk}$。

(7)当 $l \neq 0$ 时,$\frac{m}{n} \div \frac{l}{k} = \frac{mk}{nl}$。

(8)分数之间的四则运算满足加法交换律、加法结合律、乘法交换律、乘法结合律,以及乘法对加法的分配律。

无理数的诞生($\sqrt{2}$ 之谜）

用勾股定理可以求出，边长为 1 的正方形，它的对角线的长度应当是 $\sqrt{2}$。$\sqrt{2}$，是这样的一个正数，它自乘之后等于 2。因为 $1 \times 1 < 2$，而 $2 \times 2 > 2$，所以 $\sqrt{2}$ 应当在 1 与 2 之间。

在 1 与 2 之间，分数多得很。两个分数之间一定还有分数（为什么？）。可见，分数是密密麻麻地拥挤在一起的。其中有没有一个分数，它的平方恰好是 2 呢？看来应当有。

但是在数学里，粗看一下便下结论往往是要出错的！下面，我们可以证明 $\sqrt{2}$ 不是分数：用反证法，如果 $\sqrt{2} = \dfrac{n}{m}$，而且 n 和 m 是整数，则

$$2m^2 = n^2$$

上式左端含有奇数个 2 因子，右端却有偶数个 2 因子，矛盾！这就否定了反证假设，证明了 $\sqrt{2}$ 不是分数！

据说,古希腊的毕达哥拉斯学派的一个青年希帕斯,首先发现了正方形边与对角线之比不能用整数之比表示,即$\sqrt{2}$不是分数。毕达哥拉斯学派的基本观点之一是"万物皆数",又认为数就是正整数,正整数也就是组成物质的基本粒子——原子。他们觉得,线段好比是一串珠子,两条线段长度之比,也就是各自包含的小珠子的个数之比,当然应当可以用整数之比——分数——表示。由于希帕斯的发现和这个学派的错误信条相抵触,因而他被这个学派的其他成员抛入海中淹死了!

用分数不能表示边长为1的正方形的对角线的长度,这件事使古代的数学家们感到惶恐不安。这就是数学史上所谓的"第一次数学危机"。

很快,大家知道了还有很多很多的数不能用分数表示,如$\sqrt{3}$,$\sqrt{7}$,$\sqrt[3]{2}$,$\sqrt{5}+\sqrt{11}$,以及三角函数表、对数表里的许多数。这类数叫人难以理解,又无法不和它们打交道,于是被叫作"无理数"。无理数是地地道道的数呢,还是某种神秘之物?数学家们为此争论了两千多年之久。

到16世纪,即第一个无理数$\sqrt{2}$被发现两千多年后,大多数数学家才承认无理数也是数。19世纪,实数理论建立之后,人们才从逻辑上把无理数说清楚。$\sqrt{2}$之谜找到了答案,第一次数学危机便过去了。

用"$\sqrt{}$"表示平方根,是解析几何的创始人笛卡儿首先采用的。

实数连续性的奥秘

　　整数由小到大的变化是跳跃式的。从1跳到2,跨过了许多分数。有理数从1变到2,中间似乎没有跳跃,因为1与2之间的有理数是密密麻麻的,找不到一段空白。其实有理数从1变到2并非连续地变化,因为中间还跨过了许多无理数,例如$\sqrt{2}$。

　　有理数再添上无理数,凑成全体实数。我们说,实数是可以连续变化的。说变量x从0变到1,是说x要取遍0到1之间的一切实数。

　　在直线上取定一个原点,给定一个单位长和一个方向,直线就成了数轴。数轴上的每个点代表一个实数,每个实数都可以用数轴上的一个点表示。实数可以连续变化,就是说点可以在数轴上连续地运动。

　　如何精确说明这里所说的连续性的含义呢?

　　设想用一把锋利的刀猛砍数轴,把数轴砍成两截。这一刀一定会砍在某个点上,即砍中了一个实数。如果能够砍在一个缝隙上,数轴就不算连续的了。

设数轴是从点 A 处被砍断的。这个点 A 在哪半截数轴上呢？答案是：不在左半截上，就在右半截上。这是因为点不可分割，又不会消失，所以不会两边都有，也不会两边都没有。

从以上假想中你可以领会到：所谓数轴的连续性，就是不管把它从什么地方分成两半截，总有半截是带端点的，而另外半截没有端点。

实数的连续性，也就可以照样搬过来：

把全体实数分成甲、乙两个非空集合，如果甲集里任一个数 x 比乙集里的任一个数 y 都小，那么，或者甲集里有最大数，或者乙集里有最小数，二者必居其一，且仅居其一。这就叫作实数的连续性。

有理数系不满足这个条件。如把全体负有理数和平方不超过 2 的非负有理数放在一起组成甲集，所有平方超过 2 的正有理数组成乙集，则甲集无最大数，乙集也无最小数。若从甲乙两集之间下手砍一刀，就砍在缝里了。在实数系中，这个缝就是用无理数 $\sqrt{2}$ 填起来的。

这样把有理数分成甲、乙两部分，使乙中每个数比甲中每个数大，这种分法叫作有理数的一个"戴德金分割"，简称分割。有理数的每个分割确定一个实数。有缝隙的分割确定一个无理数，没有缝隙的分割确定一个有理数。这样建立实数系的方法是德国数学家戴德金提出来的。

什么是运算

　　给两个数3和5,中间放上个加号,得8,这就是在做一种运算——加法。运算,就是从给定的东西出发,施行确定的步骤以获得确定的结果。

　　运算有确定性,3+5=8,只有这一个答案。你来做,他来做,不管谁来做, 总是得 8。运算的种类很多, 然而基本的算术运算只有两种——加法和乘法。减法是加法的逆运算,除法是乘法的逆运算。

　　两种基本的算术运算,服从五条基本规律。这就是加法交换律、乘法交换律、加法结合律、乘法结合律以及乘法对加法的分配律。我们做计算时,一步也离不开这些"律"。

　　在代数里,用字母代替数,对字母也就可以进行运算了。既然字母是数的替身,对字母的运算也要服从数所服从的这些"律"。形形色色的恒等式,归根结底都是从这五条基本规律推出来的。

　　运算也可以施行于别的东西上面。例如, 两个力作用于同一物体,可以说两个力相加,这就是向量之间的加法运算。把一个三角形按比例放大到三倍,又绕它的外心旋转90°,可以说是"放大"与"旋转"相乘,这是几何变换之间的乘法运算。通常,可结合又可交换的运算常常叫作加法;可结合但不一定可交换的,叫作乘法。

为什么 $-(-a)=a$

直观上的解释是:把 a 看成一笔钱,$-a$ 就是一笔债务。$-(-a)$ 就是免除了这笔债务,当然相当于收入了一笔钱。

这虽然有道理,但是不能代替数学推导。所有的运算法则都应当从定义和最基本的运算法则推出来,$-(-a)=a$ 这条法则也不例外。

所谓 $-a$,是 a 的相反数。所谓 a 的相反数,是方程 $x+a=0$ 的根。

因此,$-(-a)$ 是方程 $x+(-a)=0$ 的根。

于是 $(-a)+a=0=-(-a)+(-a)$。两端都去掉 $(-a)$,便得 $a=-(-a)$。

更直接的推导方法是用 0 的性质和结合律:

$$-(-a)=-(-a)+0$$
$$=-(-a)+[(-a)+a]$$
$$=[-(-a)+(-a)]+a$$
$$=0+a$$
$$=a$$

能交换与不能交换

生活中有很多事，先后顺序是不能交换的。你不能先把扣子扣好，再穿衣服。语言文字，有顺序可交换的，但意义可能变了。"屡战屡败"的将军是草包，"屡败屡战"却多少表现出坚持战斗的勇气。

就在数学里，不能交换的地方也很多。你不能把35写成53，把100写成001。不能把2^3写成3^2，不能把$2+3\times5$当成$3+2\times5$。

物理运动，有的能交换，有的不能交换。"向东走10米，再向南走5米"，其结果和"向南走5米，再向东走10米"是一样的。"向左转，再向后转"和"向后转，再向左转"也是一样的。"向左转，再向前5步走"和"向前5步走，再向左转"却大不相同。

能不能交换顺序，运算时应当时时留心。

代数运算的三个级别

常用的数学运算分三级。加减法是一级运算，乘除法是二级运算，乘方和开方是三级运算。在一个算式里，如果有不同级别的运算，就先进行三级运算，再进行二级运算，最后进行一级运算。这样规定，有一个明显的好处，就是可以少用括号。如果没有这种规定，像算式 $3×5+6÷2$，就要写成 $(3×5)+(6÷2)$ 了。

同一级别的运算，按自左而右的顺序进行。例如，$3-2+1$ 要先算 $3-2$，不能先算 $2+1$。

乘方开方对乘除法有分配律，就像乘除法对加减法有分配律一样。也就是说，如果甲种运算比乙种运算高一级，甲对乙有分配律。但是乘方和开方对加减没有分配律，不能把 $(a+b)^2$ 写成 a^2+b^2，差两级是不能分配的！

两位数加减法的心算

两位数和两位数相加,如果不进位,心算是容易的。记住要从高位算起。例如32+46,应当先算3+4=7,把结果"七十……"报出来,然后算出2+6=8,接着报出"八"。要是先算个位2+6=8,像笔算那样做,你就要在脑子里记住这个8,同时又去算3+4=7,增加了大脑的记忆负担。

如果进位,仍应当从高位算起,但是要用"先加后减"的方法来代替进位手续。例如,37+48,在脑子里可以把它转换为37+50-2,便可以应声说出85。又如65+77,可想成65+80-3,先报出"一百四十……",再算出5-3=2,接着报出"……二"。

两位数减去两位数或一位数,如果个位够减,心算不难。方法仍然是从高位到低位,边算边报结果。如需要借位,就用先减后加的办法。如52-29,可想成52-30+1;34-7,可想成34-10+3。这就避免了借位的周折。

多位数的加减法,只要你能记得住题目中的数字,就能用类似的方法心算。窍门有两个:

(1)从高位到低位,边算边报出结果。计算时注意会不会有进位与借位,如有进位与借位,可以预先进上或借走。

(2)两数相加大于9时,可用一个数减另一数的"补数"。两数相减不够减时,可用被减数加上减数的"补数"。所谓补数,就是能和该数凑成10的数。如2的补数是8,6的补数是4。

例如:要算3574+4681,先算3+4=7,照顾到后面5+6要进位,就预先进一位,报出结果的首位"八千……";接着5+6,可按5-4得出1,因为6的补数是4;照顾到后面7+8要进位,报出结果"……二百……";然后把7+8按7-2算,报结果"……五十……",最后个位4+1=5就不成问题了。报结果时声音略拖长一点,就能显得迅速准确而且从容不迫。

减法也类似。要算6347-3582,照顾到百位不够减,从6-3=3预借1,报出"二千……"。下面的3-5按3+5算出8,照顾到后面不够减,报出"……七百……"。然后4-8按4+2=6,连7-2=5一同报出"……六十五"。

用笔算的方法由低位开始算,在整个过程中要记住全部已得到的结果,当然不利于心算。

两位数平方的速算

个位数是 5 的两位数的平方,有极简单的速算方法:把它的十位数加 1 与十位数相乘,后面写上 25 就行了。照这个办法,65^2 的计算方法是 $(6+1)\times6$ 得 42,后面添上 25,即 $65^2=4225$。又如,$25^2=625$,这个"6"是 $(2+1)\times2$ 得来的。

个位数小于 5 的两位数的平方也可以速算。其方法是:把这个两位数和它的个位数相加,再与它的十位数相乘,所得的积后面添上 0,加上个位数的平方即可。例如:$43^2=(43+3)\times40+9=1840+9=1849$,$24^2=(24+4)\times20+16=560+16=576$。

个位数大于 5 的两位数的平方速算方法是:把这个两位数减去它的个位数的补数,乘上它的十位数与 1 之和,补 0,加上个位数的补数的平方。例如:$37^2=(37-3)\times(3+1)\times10+9=34\times40+9=1369$,$98^2=(98-2)\times(9+1)\times10+4=9604$。

这些速算方法的道理何在呢?请看下列三个恒等式,它们依次说明了三种方法：

$(1)(10a+5)^2=100a^2+100a+25=100a(a+1)+25$

$(2)(10a+b)^2=100a^2+20ab+b^2=10a(10a+2b)+b^2$

$(3)(10a-b)^2=100a^2-20ab+b^2=10a(10a-2b)+b^2$

这些方法也适用于三位或四位的数的平方计算。例如：

$195^2=19\times(19+1)+25=38025$

$208^2=200\times216+64=43264$

$325^2=300\times350+25^2=105625$

$486^2=500\times472+14^2=236000+196=236196$

两位数乘法的速算

计算 63×67，掌握了窍门的人能立即写出答案 4221，这里 "21" 是两个个位数 3 与 7 之积，而 42 是 $6 \times (6+1)$，这个 "6" 是这两个数的公共的十位数字。类似地，$84 \times 86 = 7224$，这里 $72 = 8 \times (8+1)$，而 $24 = 6 \times 4$。道理很简单。当 $b+c=10$ 时，有：

$$(10a+b)(10a+c) = 100a^2 + 10a(b+c) + bc$$

$$= 100a(a+1) + bc$$

类似地，当 $b+c=10$ 时：

$$(10a+a)(10b+c) = 100a(b+1) + ac$$

$$(10b+a)(10c+a) = 100(bc+a) + a^2$$

于是，可以迅速算出：

$$66 \times 73 = 100 \times 6 \times (7+1) + 6 \times 3 = 4818$$

$$36 \times 76 = 100 \times (3 \times 7 + 6) + 6 \times 6 = 2736$$

如果 $b+c$ 比 10 略大或略小，可在上述计算的基础上略加调整，所用的公式是：

$$(10a+b)(10a+c)=100a(a+1)+bc+10(b+c-10)a$$

$$(10a+a)(10b+c)=100a(b+1)+ac+10(b+c-10)a$$

$$(10b+a)(10c+a)=100(bc+a)+a^2+10(b+c-10)a$$

分别各举一例：

$$67\times64=100\times6\times(6+1)+7\times4+(7+4-10)\times6\times10$$

$$=4228+60=4288$$

$$66\times74=100\times6\times(7+1)+6\times4+(7+4-10)\times6\times10$$

$$=4824+60=4884$$

$$76\times46=100\times(4\times7+6)+6\times6+(7+4-10)\times6\times10$$

$$=3436+60=3496$$

如果 $b+c=5$ 而 a 为偶数，也可以用类似方法速算。例如：

$$83\times82=100\times8\times8+406=6806$$

这里 406 的来历是 $(8\div2)\times100+2\times3=406$。你能弄清其中的原因吗？试试用速算法计算 88×32，还有 38×28：

$$88\times32=100\times3\times8+2\times8+400=2816$$

$$38\times28=100\times3\times2+8\times8+400=1064$$

以此为基础，还能找出别的速算窍门。例如，当 a 与 b 相差为 1、2，而 $c+d=10$ 时计算 $(10a+c)(10b+d)$，$(10c+a)(10d+b)$，$(10a+b)(10c+d)$，等等。

利用因数的重新组合，也常常可以实现速算。例如：

$$64\times25=16\times4\times25=16\times100=1600$$

$$35\times48=(35\times2)\times24=70\times24=1680$$

$37 \times 63 = (37 \times 3) \times 21 = 111 \times 21 = 2331$

类似的办法不少,要靠你留神发现!

接近10、100、1000、10000的数的乘法速算

在计算 998×997 时,有人能不假思索地写出答案 995006。是怎么算的呢？——先看出 998 与 1000 的差是 2,从 $997 - 2 = 995$,便得到前三位;再用 2 与 997 和 1000 的数值差 3 相乘,便得到后三位 006。

这类速算窍门,来自等式:

$$(10^m + a)(10^m + b) = 10^m(10^m + a + b) + ab$$

这里 a、b 可正可负,也可以一正一负。注意到等式右端括号里的 $10^m + a$ 本是原来的被乘数。只要把这个被乘数加上 b,便得到积的前 m(或 $m+1$)位,a 乘 b 前面补 0,得到积的后 m 位。例:

$$16 \times 13 = 10 \times (16 + 3) + 3 \times 6 = 208$$

$$96 \times 93 = 100 \times (96 - 7) + 4 \times 7 = 8928$$

$$98 \times 104 = 100 \times (98 + 4) - 2 \times 4 = 10192$$

$$113 \times 104 = 100 \times (113 + 4) + 13 \times 4 = 11752$$

$$1098 \times 1096 = 1000 \times (1098 + 96) + 98 \times 96$$

$$= 1194000 + 100 \times (98 - 4) + 2 \times 4 = 1203408$$

$$994 \times 1012 = 1000 \times (1012 - 6) + (-6) \times 12$$

$$= 1006000 - 72 = 1005928$$

设 $m > n$，你能不能从等式

$$(10^m + a)(10^n + b) = 10^n(10^m + a + 10^{m-n}b) + ab$$

出发，找到类似的速算方法？

如果一下子想不清楚，请看实例：

$$998 \times 94 = 100 \times (998 - 60) + 12 = 93812$$

除法的速算

四则运算中除法最麻烦，速算也最不容易，但是也并非不能速算。

常用的方法之一是化除为乘。例如：

$$332 \div 25 = 332 \div \frac{100}{4} = 3.32 \times 4 = 13.28$$

$$58 \div 5 = 58 \div \frac{10}{2} = 5.8 \times 2 = 11.6$$

另一种方法是尽可能把除数分解成一位的因数，例如：

$$3456 \div 24 = (3456 \div 3) \div 8 = 1152 \div 8 = 144$$

$$294 \div 28 = (294 \div 7) \div 4 = 42 \div 4 = 10.5$$

还有一种除法速算方法，通常不被人注意。这个方法用于除数比 100,1000,100000 略小的情况。

例如，5403897÷997，速算的基本原理在于把997大致当成1000。在5403897里，一眼可以看出有5403个1000，也就是至少有5403个997，因而5403是商的主要部分。考虑到1000=997+3，可见5403897中去掉5403个997之后，余下的数是5403×3+897=16209+897。下一步再问：在16209+897里有多少个997？再把997粗看成1000，又找出16个997，余下的是16×3+209+897=1154，1154里有1个997，余下157。结果，商是5403+16+1=5420，余数是157。这个过程用式子表示，可以简单地写成：

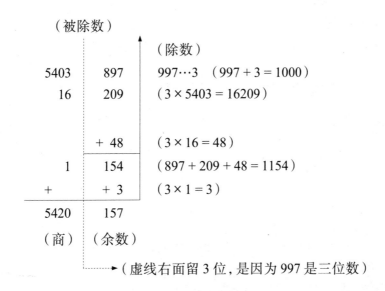

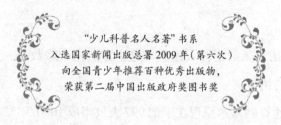

"少儿科普名人名著"书系
入选国家新闻出版总署2009年(第六次)
向全国青少年推荐百种优秀出版物，
荣获第二届中国出版政府奖图书奖

图书在版编目(CIP)数据

教你学数学/张景中著.—武汉:长江少年儿童出版社,2022.5
(少儿科普名人名著书系:典藏版)
ISBN 978-7-5721-2145-6

Ⅰ.①教… Ⅱ.①张… Ⅲ.①数学—少儿读物 Ⅳ.①O1-49

中国版本图书馆CIP数据核字(2021)第214221号

JIAO NI XUE SHUXUE
教你学数学

出品人/何龙　选题策划/何少华　傅筱　责任编辑/黄凰　责任校对/莫大伟
营销编辑/唐靓　装帧设计/武汉青禾园平面设计有限公司
出版发行/长江少年儿童出版社　业务电话/027-87679199
督印/邱刚　印刷/武汉中科兴业印务有限公司
经销/新华书店湖北发行所　版次/2022年5月第1版　印次/2022年5月第1次印刷
书号/ISBN 978-7-5721-2145-6
开本/680毫米×980毫米　1/16　印张/19.25　定价/38.00元

本书如有印装质量问题,可向承印厂调换。